全栈开发技术丛书

Vue. js 3.x

从入门到实战 微课视频版

陈 恒 主 编

刘海燕 贾慧敏 张 宏 副主编

清华大学出版社

北京

内 容 简 介

Vue.js 是目前流行的三大前端框架之一。本书以 Vue.js 3.x 为基础，重点讲解 Vue.js 的生产环境、开发工具、基础语法及生态系统。

全书共 13 章，内容涵盖初识 Vue.js、计算属性和监听器、内置指令、组件、过渡与动画、自定义指令、渲染函数、响应性与组合 API、webpack、Vue Router、Vuex、Vue UI 组件库、电子商务平台的前端设计与实现。书中实例侧重实用性、通俗易懂，通过学习读者能够快速掌握 Vue.js 3.x 的基础知识、编程技巧以及完整的开发体系，并为大型项目的前端开发打下坚实基础。

本书提供教学大纲、教学课件、教学日历、电子教案、程序源码、实验大纲、思政案例、在线题库、教学进度表、习题答案和教学视频等配套资源，可作为大学计算机及相关专业的教材或教学参考书，也可作为 Web 前端技术的培训教材，适合具有 HTML、CSS、JavaScript 编程基础的读者使用，也适合广大 Web 前端开发人员阅读与使用。

图书在版编目(CIP)数据

Vue.js 3.x 从入门到实战：微课视频版 / 陈恒主编. —北京：清华大学出版社，2023.7
（全栈开发技术丛书）

ISBN 978-7-302-62944-3

Ⅰ.①V… Ⅱ.①陈… Ⅲ.①网页制作工具－程序设计 Ⅳ.①TP393.092.2

中国国家版本馆 CIP 数据核字(2023)第 038510 号

策划编辑：魏江江
责任编辑：王冰飞
封面设计：刘　键
责任校对：时翠兰
责任印制：丛怀宇

出版发行：清华大学出版社
　　　　网　　址：http://www.tup.com.cn, http://www.wqbook.com
　　　　地　　址：北京清华大学学研大厦 A 座　　　　　邮　　编：100084
　　　　社 总 机：010-83470000　　　　　　　　　　邮　　购：010-62786544
　　　　投稿与读者服务：010-62776969, c-service@tup.tsinghua.edu.cn
　　　　质量反馈：010-62772015, zhiliang@tup.tsinghua.edu.cn
　　　　课件下载：http://www.tup.com.cn, 010-83470236
印 装 者：三河市龙大印装有限公司
经　　销：全国新华书店
开　　本：185mm×260mm　　　　印　张：19　　　　字　数：478 千字
版　　次：2023 年 8 月第 1 版　　　　　　　　　　印　次：2023 年 8 月第 1 次印刷
印　　数：1～1500
定　　价：59.80 元

产品编号：093127-01

前 言 Preface

党的二十大报告指出，教育、科技、人才是全面建设社会主义现代化国家的基础性、战略性支撑。必须坚持科技是第一生产力、人才是第一资源、创新是第一动力，深入实施科教兴国战略、人才强国战略、创新驱动发展战略，开辟发展新领域新赛道，不断塑造发展新动能新优势。

传统 Web 开发模式有一个共同的特点——利用后端语言提供的模板引擎编写 HTML / XML 页面，例如 PHP Web 开发有 Smarty 模板引擎，Java Web 工程有 JSP 页面，Python 的各个 Web 框架有各自的模板引擎。因此，在传统 Web 开发模式下，前端依赖后端架构，前端操作数据代价高昂，从而导致用户体验较差。

时至今日，前后端分离开发成为主流的 Web 开发模式。前后端分离不是简单的代码分离。首先架构上要分离、解耦，逐渐摆脱前后端在架构上的依赖，前后端各司其职，分别部署在各自的服务器上，通过 RESTful 接口传递数据，后端服务器不再负责页面渲染，只负责输入数据，吞吐量提升了多倍。目前，广泛应用的 Web 前端三大主流框架是 Angular.js、React.js 和 Vue.js。相比 Angular.js 和 React.js，Vue.js 作为后起之秀，借鉴了前辈 Angular.js 和 React.js 的特点，并做了相关优化，更加方便使用，更容易上手，比较适合初学者，深受广大用户欢迎，尤其是中国用户。因此，本书以"Vue.js 3.x 前端框架技术从入门到实战"为主线进行编写，首先阐述计算属性和监听器、内置指令、组件、过渡与动画、渲染函数、响应性与组合 API 等基础知识，然后重点讲解 Vue.js 3.x 的周边生态技术及应用，包括 webpack、Vue Router、Vuex、Vue UI 组件库等内容，最后详细介绍电子商务平台的前端设计与实现，以帮助读者掌握基于 Vue.js 3.x 的前端项目的开发流程、技术及方法，从而为大型项目的前端开发打下坚实的基础。

全书共 13 章，具体内容如下。

第 1 章：初识 Vue.js，包括网站交互方式、MVVM 模式、Vue.js 开发环境的搭建、Vue.js 的生命周期、插值与表达式等内容。

第 2 章：计算属性和监听器，包括计算属性和监听器的用法和使用场景等内容。

第 3 章：内置指令，包括绑定指令 v-bind、条件渲染指令 v-if 和 v-show、列表渲染指令 v-for 以及事件处理、表单与 v-model 等内容。

第 4 章：组件，包括组件的注册、组件的通信、插槽、动态组件与异步组件、组件的引用等内容。

第 5 章：过渡与动画，包括单元素过渡、单组件过渡、多元素过渡、多组件过渡、列表过渡等内容。

第 6 章：自定义指令，包括自定义指令的注册机制、实现原理和使用方法等内容。

第 7 章：渲染函数，包括 DOM 树的概念、渲染函数的概念、h()函数的基本用法等内容。

第 8 章：响应性与组合 API，包括响应性与组合 API 的概念与原理、setup 选项、provide 方法、inject 方法、模板引用、响应式计算与侦听等内容。

第 9 章：webpack，包括 webpack 的安装与使用、加载器与插件、单文件组件与 vue-loader 等内容。

第 10 章：Vue Router，包括路由的概念、Vue Router 的安装、Vue Router 的基本用法、Vue Router 的高级应用、路由钩子函数、路由元信息等内容。

第 11 章：Vuex，包括状态管理与应用场景、Vuex 的安装与基本应用、Vuex 的核心概念等内容。

第 12 章：Vue UI 组件库，包括 setup 语法糖的使用方法、Element Plus 组件库、View UI Plus 组件库、Vant UI 组件库等内容。

第 13 章：电子商务平台的前端设计与实现，包括系统设计、实现技术（Vite 与 Vue CLI）、系统管理、系统实现等内容。

本书特色

1. 编写理念创新

以"必需"和"够用"的原则，遵循"以学生为中心"的宗旨，精选内容，凝练章节，讲练结合，以"学中做，做中学"为主线开展教学活动。

2. 内容新颖全面

以 Visual Studio Code 为开发平台，从 Vue.js 3.x 的基础开始讲解，逐步深入到前端项目的开发流程、技术及方法，内容由易到难，讲解由浅入深、循序渐进。

3. 案例实用典型

涵盖知识点广泛，设计开发流程规范，业务逻辑性强。

4. 资源丰富翔实

为便于教学，本书提供教学大纲、教学课件、教学日历、电子教案、程序源码、实验大纲、思政案例、在线题库、教学进度表、习题答案、1000 分钟的教学视频等配套资源。

```
┌─────────────────────────────────────────────────────────┐
│                    资源下载提示                           │
│   课件等资源：扫描封底的"课件下载"二维码，在公众号"书圈"下载。 │
│   素材（源码）等资源：扫描目录上方的二维码下载。            │
│   在线作业：扫描封底的作业系统二维码，登录网站在线做题及查看 │
│ 答案。                                                     │
│   视频等资源：扫描封底的文泉云盘防盗码，再扫描书中相应章节的二 │
│ 维码，可以在线学习。                                       │
└─────────────────────────────────────────────────────────┘
```

5．读者对象广泛

本书可作为高等院校相关专业的教材，也可作为教辅资料，还可作为Web前端开发人员的参考书。

本书是辽宁省普通高等学校一流本科教育示范专业"大连外国语大学计算机科学与技术专业"及辽宁省教育科学"十四五"规划 2021 年度立项课题"面向交叉应用的大数据管理专业课程体系构建（JG21DB143）"的建设成果。

本书的出版得到清华大学出版社相关人员的大力支持，在此表示衷心感谢。同时，编者在编写本书的过程中参阅了一些书籍、博客以及网络资源，在此对这些资源的贡献者与分享者深表感谢。由于前端框架技术发展迅速，并且持续改进与优化，加上编者水平有限，书中难免会有不足之处，敬请各位专家和读者批评、指正。

编　者

2023 年 6 月

目 录 Contents

源码下载

第 1 章 初识Vue.js

学习目的与要求

本章主要讲解 Vue.js 的安装方法、开发环境、生命周期以及插值与表达式。通过本章的学习，希望读者掌握 Vue.js 的安装方法，了解 Vue.js 的生命周期。

本章主要内容

- ❖ Vue.js 是什么
- ❖ 如何安装 Vue.js
- ❖ 如何安装 Visual Studio Code 及其插件
- ❖ Vue.js 的生命周期
- ❖ 插值与表达式

目前广泛应用的 Web 前端三大主流框架是 Angular.js、React.js 和 Vue.js。

Angular.js 由 Google 公司开发，诞生于 2009 年，之前多用 jQuery 开发，其最大特点是把后端的一些开发模式移植到前端实现，例如 MVC、依赖注入等。

React.js 由 Meta 公司开发，正式版于 2013 年推出，比 Angular.js 晚 4 年，采用函数式编程，门槛稍高，但更灵活，开发具有更多可能性。

Vue.js 作为后起之秀（于 2014 年推出），借鉴了前辈 Angular.js 和 React.js 的特点，并做了相关优化，使其更加方便，更容易上手，比较适合初学者。

不管读者学习哪种前端框架，建议都事先了解 HTML、CSS 和 JavaScript 知识。在学习本章之前，假设读者已了解有关 HTML、CSS 和 JavaScript 的知识。

1.1　网站交互方式

Web 网站有单页应用程序（Single-page Application，SPA）和多页应用程序（Multi-page Application，MPA）两种交互方式。

1.1.1　多页应用程序

多页应用程序，顾名思义就是由多个页面组成的站点。在多页应用程序中，每个网页在每次收到相应的请求时都会重新加载。多页应用程序很大，因为它包含了不同页面的数量和层数，这有时甚至被认为很麻烦，读者可以在大多数电子商务网站上找到 MPA 的示例。

多页应用程序以服务端为主导，前、后端混合开发，例如.php、.aspx、.jsp。技术堆栈包括 HTML、CSS、JavaScript、jQuery，有时还包括 AJAX。

❶ 多页应用程序的优点

多页应用程序的优点如下：

（1）搜索引擎优化效果好。搜索引擎在做网页排名时需要根据网页内容给网页添加权重。搜索引擎可以识别 HTML 内容，而多页应用程序的每个页面的所有内容都放在 HTML 中，所以排名效果较好。

（2）更容易扩展。在多页应用程序中，添加到现有应用程序的页面数几乎没有限制。如果需要显示很多信息，建议使用 MPA，因为它可以确保将来能够更轻松地扩展。

（3）深入的数据分析。有许多数据分析工具可以为 MPA 提供有关客户行为、系统功能和其他重要内容的深刻解析，可以分析每个功能的性能，每个网页的受欢迎程度，每个功能所花费的时间，每日和每月的用户数量，以及按年龄、城市、国家/地区划分的受众群体等。

❷ 多页应用程序的缺点

多页应用程序的缺点如下：

（1）开发及维护更加困难且昂贵。与单页应用程序相比，多页应用程序具有更多功能，因此创建它们需要更多的精力和资源，开发时间与要构建的页面数和实现的功能成比例地增加。

Web 应用程序的开发工具更新快，同时市场上还引入了其他库、框架、编程语言或者至少发布了新版本，而多页应用程序通常需要在开发过程中使用多种技术，因此使维护 Web 系统变得更加困难且昂贵。

（2）页面切换慢。多页应用程序每次跳转时都会发出一个 HTTP 请求，如果用户的网速较慢，在页面之间来回跳转时将发生明显的卡顿现象。

（3）较低的绩效指标。多页应用程序中的内容会不断重新加载，增加了服务器的负载，对网页速度和整体系统性能产生负面影响。

1.1.2　单页应用程序

单页应用程序就是只有一个 Web 页面的应用。单页应用程序是加载单个 HTML 页面并在用户与应用程序交互时动态更新该页面的 Web 应用程序。浏览器一开始会加载必需的 HTML、CSS 和 JavaScript，所有的操作都在这个页面上完成，都由 JavaScript 来控制，因此对单页应用程序来说模块化的开发和设计显得相当重要。单页应用程序开发技术复杂，所以诞生了许多前端开发框架，例如 Angular.js、React.js、Vue.js 等。

在进行单页应用程序开发时，软件工程师通常采用 HTML5、Angular.js、React.js、Vue.js、Ember.js、AJAX 等技术。

❶ 单页应用程序的优点

单页应用程序的优点如下：

（1）用户体验好。使用单页应用程序就像使用一个原生的客户端软件一样，在切换过程中不会频繁地有被"打断"的感觉。

（2）前后端分离。单页应用程序开发效率高，可维护性强。服务端不关心页面，只关心数据；客户端不关心数据及数据操作，只关心通过接口用数据和服务端交互，处理页面。

（3）局部刷新。单页应用程序只需要加载局部视图即可，不需要整页刷新。

（4）完全的前端组件化。单页应用程序的前端开发不再以页面为主，更多地采用组件化的思想，代码结构和组织方式更加规范化，便于修改和调整。

（5）API 共享。如果服务是多端的（浏览器端、Android、iOS、微信等），单页应用的模式便于在多端共用 API，可以显著地减少服务端的工作量。

（6）组件共享。在某些对性能体验要求不高的场景下或者产品处于快速试错阶段时，借助于一些技术（例如 Hybrid、React Native）在多端共享组件，便于产品的快速迭代，能够节约资源。

❷ 单页应用程序的缺点

单页应用程序的缺点如下：

（1）首次需加载大量资源。首次需要在一个页面上为用户提供产品的所有功能，在加载该页面时，首先加载大量的静态资源，加载时间相对比较长。

（2）对搜索引擎不友好。单页应用的界面数据绝大部分都是异步加载的，很难被搜索引擎搜索到。

（3）安全问题。单页应用更容易受到所谓的跨站点脚本（XSS）攻击，这意味着黑客可以将各种恶意脚本注入应用程序中，原因是缺乏经验的 Web 开发人员将某些功能和逻辑移至客户端。

1.2 MVVM 模式

MVVM 是 Model-View-ViewModel 的缩写，它是一种基于前端开发的架构模式，其核心是提供对 View 和 ViewModel 的双向数据绑定，这使得 ViewModel 的状态改变可以自动传递给 View，即所谓的数据双向绑定。

MVVM 由 Model、View、ViewModel 三部分构成，Model 代表数据模型，也可以在 Model 中定义数据修改和操作的业务逻辑；View 代表 UI 组件，负责将数据模型转化成 UI 展现出来；ViewModel 是一个同步 View 和 Model 的对象。

在 MVVM 架构下，View 和 Model 之间并没有直接的联系，而是通过 ViewModel 进行交互，Model 和 ViewModel 之间的交互是双向的，因此 View 数据的变化会同步到 Model 中，而 Model 数据的变化也会立即反映到 View 上。Model、View、ViewModel 三者之间的关系如图 1.1 所示。

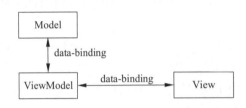

图 1.1　Model、View、ViewModel 三者之间的关系

ViewModel 通过双向数据绑定把 View 层和 Model 层连接起来，而 View 和 Model 之间的同步工作完全是自动的，无须人为干涉，因此开发者只需关注业务逻辑，不需要手动操作 DOM，不需要关注数据状态的同步问题，复杂的数据状态维护完全由 MVVM 来统一管理。

1.3　Vue.js 是什么

Vue（读音 /vjuː/，类似于 view）是一套构建用户界面的渐进式框架。与其他重量级框架不同的是，Vue.js 采用自底向上增量开发的设计。Vue.js 的核心库仅关注视图层，它不仅易于上手，还便于与第三方库或既有项目整合。另一方面，Vue.js 采用单文件组件和 Vue.js 生态系统支持的库开发复杂的单页应用。

Vue.js 本身只是一个 JavaScript 库，其目标是通过尽可能简单的 API 实现相应的数据绑定和组合的视图组件。Vue.js 可以轻松构建 SPA（Single-page Application），通过指令扩展 HTML，通过表达式将数据绑定到 HTML，最大程度地解放 DOM 操作。

Vue.js 具有简单、易用、灵活、高效等特点，用户在掌握 HTML、CSS、JavaScript 的基础上可快速上手。

1.4　安装 Vue.js

将 Vue.js 添加到项目中主要有 4 种方法，即本地独立版本方法、CDN 方法、NPM 方法和命令行工具（Vue CLI）方法。

❶ 本地独立版本方法

用户可通过网址 "https://unpkg.com/vue@next" 将最新版本的 Vue.js 库（vue.global.js）下载到本地，然后在界面文件中引入 Vue.js 库。示例代码如下：

```
<script src="js/vue.global.js"></script>
```

❷ CDN 方法

读者在进行学习或开发时，在界面文件中可通过 CDN（Content Delivery Network，内容分发网络）引入最新版本的 Vue.js 库。示例代码如下：

```
<script src="https://unpkg.com/vue@next"></script>
```

对于生产环境，建议使用固定版本，以免因版本不同带来兼容性问题。示例代码如下：

```
<script src="https://unpkg.com/vue@3.0.5/dist/vue.global.js"></script>
```

❸ **NPM 方法**

在用 Vue.js 构建大型应用时推荐使用 NPM 安装最新的稳定版的 Vue.js，因为 NPM 能很好地和 webpack 模块打包器配合使用。示例代码如下：

```
npm install vue@next
```

❹ **命令行工具（Vue CLI）方法**

Vue.js 提供了一个官方命令行工具（Vue CLI），为单面应用快速搭建繁杂的脚手架。对于初学者来说，不建议使用 NPM 和 Vue CLI 方法安装 Vue.js。NPM 和 Vue CLI 方法的安装过程将在本书后续内容中介绍。

1.5　第一个 Vue.js 程序

对于前端开发工具，极少数程序员使用记事本，大多数程序员使用 JetBrains WebStorm 和 Visual Studio Code（VSCode）。JetBrains WebStorm 是收费的，本书推荐使用 VSCode。

1.5.1　安装 VSCode 及其插件

用户可通过网址"https://code.visualstudio.com"下载 VSCode，本书使用的安装文件是 VSCodeUserSetup-x64-1.52.1.exe（双击即可安装）。VSCode 中的许多插件需要用户安装，例如 Vue.js 的插件 Vetur。打开 VSCode，单击左侧最下面的一个图标，按照图 1.2 所示的步骤安装即可。

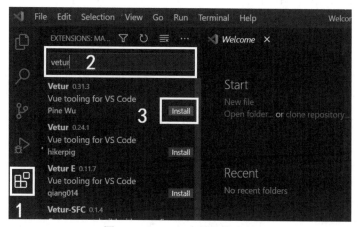

图 1.2　VSCode 中插件的安装

其他插件的安装方法与图 1.2 类似，这里不再赘述。在 VSCode 中，Vue.js 的部分插件的具体描述如下：

（1）Vetur。此插件能够在.vue 文件中实现语法错误检查、语法高亮显示以及代码自动 补全。

（2）ESLint。此插件能够检测代码的语法问题和格式问题，对统一项目的代码风格至关重要。

（3）EditorConfig。EditorConfig 是一种被各种编辑器广泛支持的配置，使用此配置有助于项目在整个团队中保持一致的代码风格。

（4）Path Intellisense。此插件能够在编辑器中输入路径时实现自动补全。

（5）View In Browser。此插件能够在 VSCode 中使用浏览器预览、运行静态文件。

（6）Live Server。此插件很有用，在安装后可以打开一个简单的服务器，而且会自动更新。在安装后，在文件上右击会出现一个名为 Open with Live Server 的选项，此时会自动打开浏览器，默认端口号是 5500。

（7）GitLens。此插件可查看.git 文件提交的历史。

（8）Document This。此插件能够生成注释文档。

（9）HTML CSS Support。此插件能够在编写样式表时自动补全代码，缩短编写时间。

（10）JavaScript Snippet Pack。针对 JavaScript 的插件，包含 JavaScript 的常用语法关键字。

（11）HTML Snippets。此插件包含 HTML 标签。

（12）One Monokai Theme。此插件能够让编者选择自己喜欢的颜色主题编写代码。

（13）vscode-icons。此插件能够让编者选择自己喜欢的图标主题。

1.5.2　创建第一个 Vue.js 应用

每个 Vue.js 应用都是通过用 createApp 函数创建一个新的应用实例开始，具体语法如下：

```
const app = Vue.createApp({ /* 选项 */ })
```

传递给 createApp 的选项用于配置根组件（渲染的起点）。在 Vue.js 应用创建后，调用 mount 函数将 Vue.js 应用实例挂载到一个 DOM 元素（HTML 元素或 CSS 选择器）上。例如，如果把一个 Vue.js 应用实例挂载到<div id="app"></div>上，应传递#app。示例代码如下：

```
const HelloVueApp = {}                          //配置根组件
const vueApp = Vue.createApp(HelloVueApp)       //创建 Vue 应用实例
const vm = vueApp.mount('#app')                 //将 Vue 应用实例挂载到#app
```

下面使用 VSCode 开发第一个 Vue.js 程序。

【例 1-1】使用 VSCode 新建一个名为 hellovue.html 的页面，在此页面中使用 "<script src="js/vue.global.js"></script>" 语句引入 Vue.js。

hellovue.html 的具体代码如下：

```
<div id="hello-vue" class="demo">
    {{ message }}
</div>
<script src="js/vue.global.js"></script>
<script>
    const HelloVueApp = {
```

```
        data() {//Vue 实例的数据对象，ES 语法，等价于 data: function () {}
            return {
                message: 'Hello Vue!!'
            }
        }
    }
    //每个 Vue.js 应用都是通过用 createApp 函数创建一个新的应用实例开始
    //mount 函数把一个 Vue.js 应用实例挂载到<div id="hello-vue"></div>上
    Vue.createApp(HelloVueApp).mount('#hello-vue')
</script>
<style>
.demo {
    font-family: sans-serif;
}
</style>
```

从上述代码中可以看出，hellovue.html 文件由 HTML、JavaScript 和 CSS 3 部分组成，所以读者在学习 Vue.js 之前应掌握 HTML、JavaScript 和 CSS 等内容。

从上述代码中还可以看出，创建一个 Vue.js 应用程序只需要 3 个步骤，即引入 Vue.js 库文件、创建一个 Vue 实例、渲染 Vue 实例。

在 VSCode 中安装 Live Server 插件后，在 hellovue.html 代码上右击会出现一个名为 Open with Live Server 的选项，此时会自动打开浏览器，默认端口号是 5500，如图 1.3 所示。

图 1.3　hellovue.html 的运行效果

在 VSCode 中可以设置 Live Server 插件默认打开的浏览器，首先选择 File → Preferences → Settings 命令打开 Search settings 界面，然后展开 User 下的 Extensions，选中 Live Server Config，在 Settings: Custom Browser 下方修改默认打开的浏览器，如图 1.4 所示。

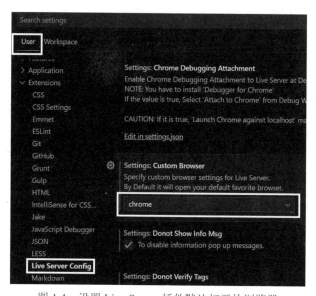

图 1.4　设置 Live Server 插件默认打开的浏览器

1.5.3　声明式渲染

Vue.js 的核心是采用简洁的模板将数据渲染到 DOM 中，例如在 1.5.2 节的 hellovue.html 文件中，通过模板<div id="hello-vue" class="demo">{{message}}</div>声明将属性变量 message 的值"Hello Vue!!"渲染到页面显示。

Vue.js 框架在进行声明式渲染时做的主要工作就是将数据和 DOM 建立关联，一切皆响应。例如，例 1-2 中的 counter 属性每秒递增。

【例 1-2】使用 VSCode 新建一个名为 ch1_2.html 的页面，在该页面中使用时钟函数 setInterval 来演示响应式程序。

ch1_2.html 的具体代码如下：

```html
<div id="counter" class="demo">
    <!--通过模板获取变量 counter 的值-->
    {{ counter }}
</div>
<script src="js/vue.global.js"></script>
<script>
    const CounterApp = {
        data() {
            return { //声明需要响应式绑定的数据对象，若定义多个键值对，之间用逗号分隔
                counter: 0
            }
        },
        /*mounted是一个钩子函数，在挂载到实例上后（初始化页面后）调用该函数，一般是第一个
业务逻辑在这里开始*/
        mounted() {
            setInterval(() => {
                this.counter++
            }, 1000)
        }
    }
    Vue.createApp(CounterApp).mount('#counter')
</script>
<style>
    .demo {
        font-family: sans-serif;
    }
</style>
```

1.5.4　Vue.js 的生命周期

每个 Vue.js 实例在被创建时都要经过一系列的初始化过程，例如数据监听、编译模板、将实例挂载到 DOM 并在数据变化时更新 DOM 等。同时在这个过程中也会调用一些叫生命周期钩子的函数，在适当的时机执行用户的业务逻辑。

例如，created 钩子函数可用来在一个 Vue.js 实例被创建后执行代码（Vue.js 实例创建后被立即调用，即 HTML 加载完成前）：

```
Vue.createApp({
    data() {
        return {
            message: '测试钩子函数'
        }
    },
    created() {
        //this 指向调用它的 Vue.js 实例
        console.log('message 是: ' + this.message)   // "message 是: 测试钩子函数"
    }
})
```

Vue.js 实例的生命周期共分 8 个阶段（图 1.5），即对应 8 个与 created 类似的钩子函数。

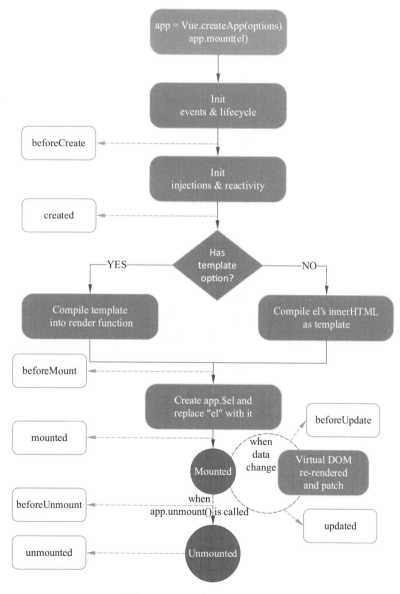

图 1.5　Vue.js 实例的生命周期

（1）beforeCreate（创建前）：在Vue.js实例初始化后，数据观测和事件配置前调用，此时el和data并未初始化，因此无法访问methods、data、computed等上的方法和数据。

（2）created（创建后）：在Vue.js实例创建后被立即调用，即HTML加载完成前，此时Vue.js实例已完成数据观测、属性和方法的运算、watch/event事件回调、data数据的初始化，然而挂载阶段还没有开始，el属性目前不可见。这是一个常用的生命周期钩子函数，可以调用methods中的方法、改变data中的数据、获取computed中的计算属性等，通常在此钩子函数中对实例进行预处理。

（3）beforeMount（载入前）：在挂载开始前被调用，Vue.js实例已完成编译模板、把data里面的数据和模板生成HTML、el和data初始化，注意此时还没有挂载HTML到页面上。

（4）mounted（载入后）：在页面加载后调用该函数，这是一个常用的生命周期钩子函数，一般是第一个业务逻辑在此钩子开始，mounted只会执行一次。

（5）beforeUpdate（更新前）：在数据更新前被调用，发生在虚拟DOM重新渲染和打补丁之前，可以在该钩子中进一步更改状态，这不会触发附加的重渲染过程。

（6）updated（更新后）：在由数据更改导致虚拟DOM重新渲染和打补丁时调用，在调用时DOM已经更新，所以可以执行依赖于DOM的操作，注意应该避免在此期间更改状态，否则可能会导致更新无限循环。

（7）beforeUnmount（销毁前）：在Vue.js实例销毁前调用（离开页面前调用），这是一个常用的生命周期钩子函数，一般在此时做一些重置的操作，例如清除定时器和监听的DOM事件。

（8）unmounted（销毁后）：在实例销毁后调用，调用后事件监听器被移出，所有子实例也被销毁。

图1.5展示了Vue.js实例的生命周期，读者现在不需要弄明白所有阶段的钩子函数，可以随着不断学习和使用慢慢理解它们。

1.6　插值与表达式

Vue的插值表达式"{{ }}"的作用是读取Vue.js中的data数据，显示在视图中，数据更新，视图也随之更新。在"{{ }}"中只能放表达式（有返回值），不能放语句。例如，{{ var a = 1 }}和{{ if (ok) { return message } }}都是无效的。

1.6.1　文本插值

数据绑定最常见的形式就是使用"Mustache（小胡子）"语法（双花括号）的文本插值，它将绑定的数据实时显示出来。例如，例1-2中的{{ counter }}，无论何时，绑定的Vue.js实例的counter属性值发生改变，插值处的内容都将更新。

用户可通过使用v-once指令执行一次性插值，即当数据改变时插值处的内容不会更新。示例代码如下：

```
<span v-once>{{ counter }}</span>
```

1.6.2 原始 HTML 插值

"{{}}"将数据解释为普通文本，而非 HTML 代码。当用户需要输出真正的 HTML 代码时，可使用 v-html 指令。动态渲染任意的 HTML 是非常危险的，因为很容易导致 XSS 攻击，最好只对可信内容使用 HTML 插值，绝不可以将用户提供的 HTML 作为插值。v-html 指令的示例代码如下。

假如 Vue.js 实例的 data 为：

```
data() {
    return {
        rawHtml: '<hr>'
    }
}
```

则"<p>无法显示 HTML 元素内容: {{ rawHtml }}</p>"显示的结果是<hr>；而"<p>可正常显示 HTML 元素内容: <span v-html="rawHtml"></span></p>"显示的结果是一条水平线。

1.6.3 JavaScript 表达式

在前面的学习中仅用表达式绑定简单的属性值，实际上对于所有的数据绑定，Vue.js 都提供了完全的 JavaScript 表达式支持。示例代码如下：

```
{{ number + 1 }}
{{ isLogin? 'true' : 'false' }}
{{ message.split('').reverse().join('')}}
```

本 章 小 结

本章介绍了与 Vue.js 相关的一些概念与技术。通过本章的学习，即使读者从未接触过 Vue.js，也可以快速构建出一个 Vue.js 应用。

Vue.js 有 4 种常用的安装方法，建议初学者使用本地独立版本方法。

习 题 1

1. 下列选项中能够定义 Vue.js 根实例对象的元素是（　）。

A．template　　　　B．script　　　　　　C．style　　　　　　　D．title

2. 定义 Vue.js 根实例需要调用的方法是（　）。

A．createApp()　　B．mount()　　　　　C．createVue()　　　　D．create()

3. MVVM 模式中的 VM 是指（　）。

A．Model　　　　　B．View　　　　　　C．ViewModel　　　　D．VueModel

4. 下列选项中插值不正确的是（　）。

A．{{myValue}}　　B．{{one.join(two)}}　　C．{{const a = 1}}　　D．{{x + y}}

5. 简述 Vue.js 的生命周期。

6. 什么是 MVVM 模式？简述 Model、View、ViewModel 三者之间的关系。

7. 如何创建一个 Vue.js 实例？又如何将 Vue.js 实例挂载到一个 DOM 元素上？

第 2 章 计算属性和监听器

学习目的与要求

本章主要讲解计算属性 computed 和监听器属性 watch。通过本章的学习，希望读者掌握计算属性 computed 和监听器属性 watch 的用法，了解计算属性和监听器属性的使用场景。

本章主要内容

❖ 计算属性 computed
❖ 监听器属性 watch

Vue 模板的插值表达式 "{{ }}" 用起来非常便利，设计初衷是用于简单运算，但在表达式中放入太多逻辑将会难以维护。本章将要学习的计算属性就是用于解决该类问题的。

2.1 计算属性 computed

当 Vue 模板的插值表达式过长或逻辑过于复杂时，表达式将变得臃肿甚至难以阅读和维护。例如{{ textData.split(',').reverse().splice(0, 1) }}，这里的表达式包含 3 个操作方法，并不是很清晰，这时可以使用计算属性解决。

2.1.1 什么是计算属性

在 Vue 实例的 computed 选项中定义一些属性（可使用 this 引用），这些属性称作"计算属性"。所有的计算属性都是以方法（函数）的形式定义，但仅当作属性来使用。示例代码如下：

```
<div id="myComputed">
    {{ textShow }}
</div>
<script src="js/vue.global.js"></script>
<script>
    const CounterApp = {
        data() {
            return {
                textData: '123,456'
            }
        },
        computed: {
            textShow() {          //计算属性 textShow
                return this.textData.split(',').reverse().splice(0, 1)
            }
        }
    }
    Vue.createApp(CounterApp).mount('#myComputed')
</script>
```

2.1.2 只有 getter 方法的计算属性

在一个计算属性中可以完成各种复杂的逻辑，包括运算、方法调用等，但最终必须返回一个结果。计算属性的结果还可以依赖于多个数据，只要其中任一数据发生变化，计算属性将重新执行，视图也会更新。下面以计算购物车商品总价为例讲解计算属性的用法。

【例 2-1】使用计算属性计算购物车商品总价。

本例的具体代码如下：

```
<div id="myCart">
    <!-- v-model 指令在表单元素上实现双向数据绑定，将在后续章节讲解 -->
    商品 1 数量: <input type="text" v-model="num1">
    商品 1 价格: <input type="text" v-model="price1"><br>
    商品 2 数量: <input type="text" v-model="num2">
    商品 2 价格: <input type="text" v-model="price2"><br>
```

```
        商品总价：{{ total }}
    </div>
    <script src="js/vue.global.js"></script>
    <script>
        const CounterApp = {
            data() {
                return {
                    num1: 1,
                    price1: 10,
                    num2: 2,
                    price2: 20
                }
            },
            computed: {
                total() {
                    return this.num1*this.price1 + this.num2*this.price2
                }
            }
        }
        Vue.createApp(CounterApp).mount('#myCart')
    </script>
```

商品数量和商品价格属性只要有一个发生变化，购物车商品总价属性都会自动更新。例 2-1 的运行效果如图 2.1 所示。

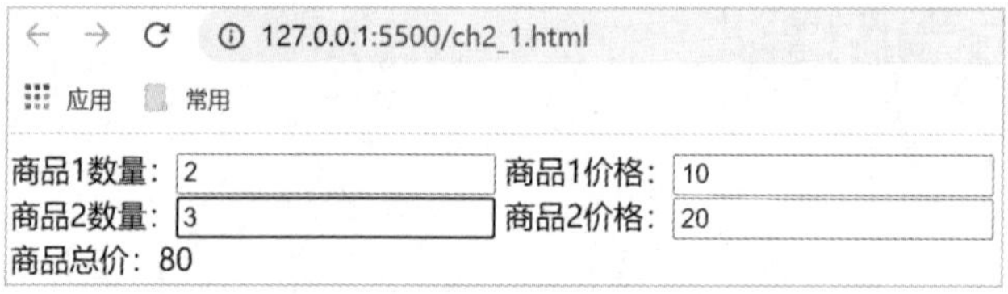

図 2.1　计算购物车商品总价

2.1.3　定义有 getter 和 setter 方法的计算属性

Vue 的每一个计算属性都包含一个 getter 方法和一个 setter 方法，在例 2-1 中只使用了计算属性的默认用法，即只使用了 getter 方法来读取计算属性。当然，用户也可以使用计算属性的 setter 方法来修改其值。下面讲解计算属性的 setter 方法的用法。

【例 2-2】通过单击按钮重新为计算属性赋值。

本例的具体代码如下：

```
<div id="app">
    <!--调用计算属性的getter方法获取计算属性值-->
    姓名：{{fullName}}<br>
    <!-- v-on 指令给 HTML 元素添加一个事件监听器，将在后续章节讲解-->
    <button v-on:click="changeName">修改计算属性</button>
</div>
<script src="js/vue.global.js"></script>
<script>
    const CounterApp = {
        data() {
```

```
            return {
                firstName: '陈',
                lastName: '恒'
            }
        },
        methods:{              //方法定义
            changeName(){
              //计算属性可使用 this 引用，当计算属性 fullName 的值发生变化时调用
              //setter 方法
                this.fullName = '张 三'
            }
        },
        computed: {
            fullName: {    //计算属性
                get(){
                    return this.firstName + this.lastName
                },
                set(newValue){
                    var names = newValue.split(' ')
                    this.firstName = names[0]
                    this.lastName = names[1]
                }
            }
        }
    }
    Vue.createApp(CounterApp).mount('#app')
</script>
```

例 2-2 的运行效果如图 2.2 所示。

单击"修改计算属性"按钮后，运行效果如图 2.3 所示。

图 2.2　修改计算属性前　　　　　　　　　图 2.3　修改计算属性后

从例 2-2 的代码可以看出，当单击"修改计算属性"按钮时执行 changeName()方法，在 changeName()方法中，当执行"this.fullName ='张 三'"语句时调用计算属性 fullName 的 setter 方法，在 setter 方法中，数据 firstName 和 lastName 相继更新，视图同样也会更新。

在大多数情况下，使用默认的 getter 方法来读取计算属性的值即可，不必声明 setter 方法。

2.1.4　计算属性和 methods 的对比

用户可以通过在表达式中调用方法达到与计算属性同样的效果。下面通过修改例 2-1 的程序，演示如何用 methods 达到与计算属性同样的效果。

【例 2-3】用 methods 改写例 2-1。

修改后的代码如下：

```html
<div id="myCart">
    商品1数量: <input type="text" v-model="num1">
    商品1价格: <input type="text" v-model="price1"><br>
    商品2数量: <input type="text" v-model="num2">
    商品2价格: <input type="text" v-model="price2"><br>
    商品总价: {{ total() }}
</div>
<script src="js/vue.global.js"></script>
<script>
    const CounterApp = {
        data() {
            return {
                num1: 1,
                price1: 10,
                num2: 2,
                price2: 20
            }
        },
        methods: {
            total() {
                return this.num1*this.price1 + this.num2*this.price2
            }
        }
    }
    Vue.createApp(CounterApp).mount('#myCart')
</script>
```

在例2-3中没有使用计算属性，在 methods 选项中定义了一个方法实现同样的效果，方法还可以接收参数，使用起来更方便。那么为什么还使用计算属性呢？这是因为计算属性是基于它的依赖缓存的。也就是说，当一个计算属性所依赖的数据发生变化时，它才会重新取值，所以只要商品数量和商品价格不发生改变，计算属性 total 也就不更新。下面分别使用计算属性和 methods 显示时间，演示它们的区别。

【例2-4】分别使用计算属性和 methods 显示时间，每次显示时间后都弹出暂停警告框暂停时间显示。

本例的具体代码如下：

```html
<div id="app">
    时间1: {{ mytime() }}{{ mystop() }}<br>
    时间2: {{ mytime() }}{{ mystop() }}<br>
    时间3: {{ yourtime }}{{ mystop() }}<br>
    时间4: {{ yourtime }}
</div>
<script src="js/vue.global.js"></script>
<script>
    const CounterApp = {
        methods: {
            mytime() {
                return Date.now()
            },
            mystop() {
                alert('暂停一下')
            }
```

```
        },
        computed: {
            yourtime(){
                return Date.now()
            }
        }
    }
    Vue.createApp(CounterApp).mount('#app')
</script>
```

运行例 2-4 的程序，连续 3 次弹出暂停警告框后显示如图 2.4 所示。

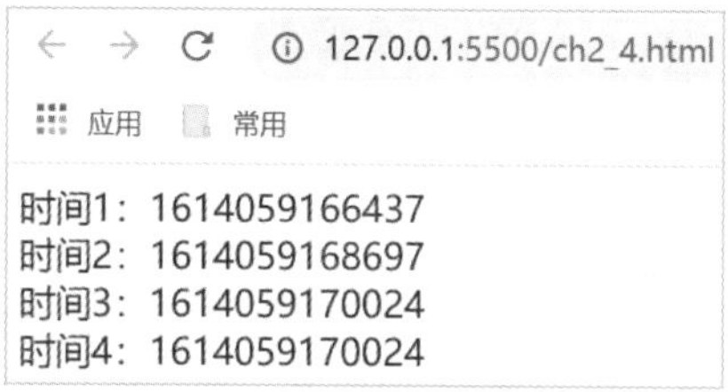

图 2.4 分别使用计算属性和 methods 显示时间

从图 2.4 可以看出，使用 methods 显示时间 1 和时间 2 时，执行了两次 Date.now()，说明调用了两次 methods；而使用计算属性显示时间 3 和时间 4 时，即使中间弹出暂停警告框，显示的时间也相同，说明从缓存中获取计算属性（Date.now()不是响应式依赖）。

使用计算属性还是 methods 取决于是否需要缓存，当遍历大数组或做大量计算时应该使用计算属性，从缓存中获取计算结果，提高执行效率。

2.2 监听器属性 watch

扫一扫

视频讲解

虽然计算属性在大多数情况下更适合，但有时需要一个监听器来响应数据的变化。本节将介绍监听器的使用方法。

2.2.1 watch 属性的用法

Vue 通过 watch 选项提供监听数据属性的方法（方法名与属性名相同）来响应数据的变化，当被监视的数据发生变化时触发 watch 中对应的处理方法。下面通过实例讲解 watch 属性的用法。

【例 2-5】使用 watch 属性监视 data 中 question 的变化（watch 中需提供与 question 同名的方法）。

本例的具体代码如下：

```
<div id="watch-example">
    <p>
        请问一个问题，包含英文字符?：
        <input v-model="question" />
    </p>
    <p>{{ answer }}</p>
</div>
```

```
<script src="js/vue.global.js"></script>
<script src="https://cdn.jsdelivr.net/npm/axios@0.12.0/dist/axios.min.js">
</script>
<script>
    const watchExampleVM = Vue.createApp({
        data() {
            return {
                question: '',
                answer: '这是一个好问题。'
            }
        },
        watch: {          //watch选项提供监听数据属性的方法
            //question方法名与数据属性名question一致
            question(newQuestion, oldQuestion) {//newQuestion是改变的值,
                                            //oldQuestion是没改变的值
                if (newQuestion.indexOf('?') > -1) {
                    //包含英文字符?时执行getAnswer()方法
                    this.getAnswer()
                }
            }
        },
        methods: {
            getAnswer() {
                this.answer = '让我想一想'          //设置中间状态,即答案返回前
                axios
                    .get('https://yesno.wtf/api')   //使用axios实现AJAX异步请求
                    .then(response => {
                        this.answer = response.data.answer
                    })
                    .catch(error => {
                        this.answer = '错误,不能访问API. ' + error
                    })
            }
        }
    }).mount('#watch-example')
</script>
```

在例 2-5 的运行结果界面中,当输入没有 "?" 的问题时,watch 选项监视到 question 数据发生变化,但没有 "?",不执行 this.getAnswer()操作,运行结果如图 2.5 所示;当输入带有 "?" 的问题时,运行结果如图 2.6 所示,在显示图 2.6 之前瞬间显示了 answer 的中间状态——"让我想一想"。

在例 2-5 的代码中,使用 watch 选项执行异步操作 getAnswer(),限制执行该操作的频率,并在得到最终结果前设置中间状态(this.answer = '让我想一想')。这些都是计算属性无法做到的。

图 2.5　输入没有 "?" 的问题　　　　　　　图 2.6　输入带有 "?" 的问题

2.2.2　computed 属性和 watch 属性的对比

从前面的学习可以知道：

（1）当 computed 属性所依赖的数据发生变化时，将自动重新计算，并把计算结果缓存起来。另外，computed 属性最后一定有一个返回值，而且不带参数。

（2）watch 属性用来监听某些特定数据的变化，从而进行具体的业务逻辑操作。另外，watch 选项中的方法可传入被监听属性的新/旧值，通过这两个值可以做一些特定的操作。computed 属性通常是做简单的计算。

那么，用户应该如何选择 computed 属性和 watch 属性呢？如果一个值依赖多个属性，建议使用 computed 属性；如果一个值发生变化后引起一系列业务逻辑操作，或者引起一系列值的变化，建议使用 watch 属性。

本 章 小 结

本章详细介绍了计算属性 computed 和监听器属性 watch 的用法。在大多数情况下，方法 methods、计算属性 computed 和监听器属性 watch 三者可等效地完成某一任务，但它们的实现原理不同。

methods 选项中的方法表示一个具体的操作，它的返回值和参数可有可无，每次刷新都执行；当 computed 属性所依赖的数据发生变化时，将自动重新计算，并把计算结果缓存起来；watch 属性用来监听某些特定数据的变化，从而进行具体的业务逻辑操作。

习 题 2

1．下列选项中能够动态渲染数据属性的是（　　）。

A．methods　　　B．watch　　　C．computed　　　D．data

2．下列有关 computed 属性的描述错误的是（　　）。

A．computed 属性默认只有 getter 方法，但可以为其提供一个 setter 方法

B．当 computed 属性所依赖的数据发生变化时，将自动重新计算，并把计算结果缓存起来

C．computed 属性一定有返回值，而且不带参数

D．computed 属性只有 getter 方法

3．什么是计算属性？为什么要使用计算属性？

4．简述计算属性和监听器属性的区别。

5．参考例 2-1 编写一个 HTML 页面 practice2_1.html，在该页面中输入 3 个数字，使用计算属性判断这 3 个数字是否构成三角形。其运行效果如图 2.7 所示。

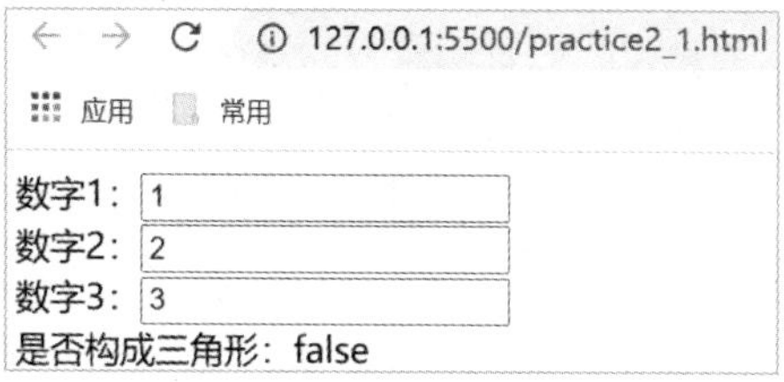

图 2.7　是否构成三角形

第 3 章 内置指令

内置指令

学习目的与要求

本章主要讲解 Vue.js 的内置指令，包括 v-bind、v-if、v-show、v-for、v-on、v-model 等指令。通过本章的学习，希望读者掌握 Vue.js 内置指令的用法。

本章主要内容

- ❖ v-bind
- ❖ 条件渲染指令
- ❖ 列表渲染指令 v-for
- ❖ 事件处理
- ❖ 表单与 v-model

指令是 Vue.js 模板中最常用的一项功能，它带有特殊前缀 "v-"。指令的主要职责是当其表达式的值改变时相应地将某些行为应用到 DOM 上。Vue.js 内置了许多指令，可以快速完成常见的 DOM 操作，例如条件渲染、列表渲染等。本章将学习这些内置指令。

3.1 v-bind

扫一扫

在 HTML 元素的属性中不能使用表达式动态更新属性值。幸运的是，Vue.js 提供了 v-bind 指令绑定 HTML 元素的属性，并可动态更新属性值。

视频讲解

3.1.1 v-bind 指令的用法

v-bind 的基本用途是动态更新 HTML 元素上的属性，例如 id、class 等。下面通过实例讲解 v-bind 指令的用法。

【例 3-1】使用 v-bind 指令绑定超链接的 href 属性和图片的 src 属性。

本例的具体代码如下：

```
<div id="app">
    <a v-bind:href="myurl.baiduUrl">去百度</a>
    <img v-bind:src="myurl.imgUrl"/>
    <!-- v-bind:可缩写为 ":"，这种缩写称为语法糖-->
    <a :href="myurl.baiduUrl">去百度</a>
    <img :src="myurl.imgUrl"/>
</div>
<script src="js/vue.global.js"></script>
<script>
    Vue.createApp({
        data() {
            return {
                myurl: {
                    baiduUrl: 'https://www.baidu.com/',
                    imgUrl:'images/ok.gif'
                }
            }
        }
    }).mount('#app')
</script>
```

在上述代码中，使用 v-bind 指令动态绑定了超链接的 href 属性和图片的 src 属性，当数据变化时，href 属性值和 src 属性值也发生变化，即重新渲染。

3.1.2 使用 v-bind 绑定 class

操作 HTML 元素的 class 和 style 属性动态改变其样式，是数据绑定的一个常见用法。因为 class 和 style 都是属性，所以可以用 v-bind 进行数据绑定。

❶ 对象语法

传给 :class（v-bind:class 的简写）一个对象，可以动态地切换 class 属性值。示例代码如下：

```
<div :class="{ active: isActive }"></div>
```

可以在对象中传入更多字段来动态切换多个 class。此外，:class 指令也可以与普通的 class 属性同时存在。示例代码如下：

```
<div class="static" :class="{ active: isActive, 'text-danger': hasError }">
    </div>
```

❷ 数组语法

当需要多个 class 时，可以把一个数组与:class 绑定，以应用一个 class 列表。示例代码如下：

```
<div :class="[activeClass, errorClass]"></div>
```

如果需要根据条件切换列表中的 class，可以使用三元表达式实现。示例代码如下：

```
<div :class="[isActive?activeClass : ", errorClass]"></div>
```

❸ 数组中嵌套对象

当有多个条件 class 时，在数组中使用三元表达式有些烦琐，所以在数组语法中也可以使用对象语法。示例代码如下：

```
<div :class="[{ 'active': isActive }, errorClass]"></div>
```

下面通过一个实例演示上述绑定 class 的方式。

【例 3-2】绑定 class 的几种方式。

本例的代码如下：

```
<div id="vbind-class">
    <div :class="mycolor">对象语法</div>
    <div class="static" :class="{'active':isActive,'text-danger':hasError}">
     在对象中传入更多字段</div>
    <div :class="[activeClass, errorClass]">数组语法</div>
    <div :class="[isActive ? activeClass : ' ', errorClass]">使用三元表达式</div>
    <div :class="[{ 'active': isActive }, errorClass]">数组中嵌套对象</div>
</div>
<script src="js/vue.global.js"></script>
<script>
    Vue.createApp({
        data() {
            return {
                mycolor: 'my',
                isActive: true,
                hasError: false,
                activeClass:'your',
                errorClass:'his'
            }
        }
    }).mount('#vbind-class')
</script>
<style>
    .my {
        background-color: red
    }
    .your {
        font-size: 20px
```

```
    }
    .his {
        background-color: blue
    }
    .static {
        background-color: yellow
    }
    .active {
        font-size: 40px
    }
</style>
```

例 3-2 的渲染结果（在 Google 浏览器中按 **F12** 键）如图 3.1 所示。

```
▼<div id="vbind-class" data-v-app>
    <div class="my">对象语法</div>
    <div class="static active">在对象中传入更多字段</div>
    <div class="your his">数组语法</div>
    <div class="your his">使用三元表达式</div>
    <div class="active his">数组中嵌套对象</div>
  </div>
```

图 3.1 例 3-2 的渲染结果

当然，和对象语法一样，也可以将 data、computed 和 methods 的返回值动态绑定到 class 属性。下面以 methods 为例进行讲解。

【例 3-3】将 methods 的返回值动态绑定到 class 属性。

本例的代码如下：

```
<div id="vbind-class">
    <div :class="myclasses()">使用 methods 绑定 class </div>
</div>
<script src="js/vue.global.js"></script>
<script>
    Vue.createApp({
        data() {
            return {
                size: 'your',
                myback: 'my'
            }
        },
        methods: {
            myclasses() {
                return this.size + " " + this.myback
            }
        }

    }).mount('#vbind-class')
</script>
<style>
    .my {
        background-color: red
    }
    .your {
        font-size: 20px
    }
</style>
```

3.1.3 使用 v-bind 绑定 style

使用:style 可以给 HTML 元素绑定内联样式，方法与:class 类似，它也有对象语法和数组语法。:style 的对象语法十分直观，看起来像在元素上直接写 CSS，但其实是一个 JavaScript 对象。CSS 属性名可以使用驼峰式或短横线分隔来命名。

下面通过一个实例演示绑定 style 的方法。

【例 3-4】绑定 style 的方法。

本例的代码如下：

```
<div id="vbind-style">
    <!--CSS 属性名可以使用驼峰式或短横线分隔来命名-->
    <div :style="{ 'color': activeColor, 'fontSize': fontSize + 'px' }">绑定
    内联样式</div>
</div>
<script src="js/vue.global.js"></script>
<script>
    Vue.createApp({
        data() {
            return {
                activeColor: 'red',
                fontSize: 30
            }
        }
    }).mount('#vbind-style')
</script>
```

例 3-4 的渲染结果如图 3.2 所示。

```
<div id="vbind-style" data-v-app>
    <div style="color: red; font-size: 30px;">绑定内联样式</div>
</div>
```

图 3.2　例 3-4 的渲染结果

在例 3-4 中直接写一长串的样式不便于阅读和维护，所以也可以将 data、computed 和 methods 的返回值动态绑定到 style 属性。下面以 computed 为例，修改例 3-4 的代码。

【例 3-5】将 computed 属性值动态绑定到 style 属性。

本例的代码如下：

```
<div id="vbind-style">
    <!--CSS 属性名可以使用驼峰式或短横线分隔来命名-->
    <div :style="mystyle">绑定内联样式</div>
</div>
<script src="js/vue.global.js"></script>
<script>
    Vue.createApp({
        computed: {
            mystyle() {
                return ['color: red', 'fontSize: 30px']
            }
        }
    }).mount('#vbind-style')
</script>
```

3.2 条件渲染指令

在 Vue.js 中，条件渲染指令有 v-if 和 v-show。本节将介绍条件渲染指令的具体用法。

3.2.1　v-if 指令

与 JavaScript 的条件语句 if、else、else if 类似，Vue.js 的条件指令 v-if 也可以根据表达式的值渲染或销毁元素/组件。下面通过具体实例讲解 v-if 指令的用法。

【例 3-6】使用条件渲染指令判断成绩等级。

本例的具体代码如下：

```
<div id="if-handling">
    <div v-if="score >= 90">优秀</div>
    <div v-else-if="score >= 80">良好</div>
    <div v-else-if="score >= 70">中等</div>
    <div v-else-if="score >= 60">及格</div>
    <div v-else>不及格</div>
</div>
<script src="js/vue.global.js"></script>
<script>
    Vue.createApp({
        data() {
            return {
                score: 87
            }
        }
    }).mount('#if-handling')
</script>
```

从上述代码可以看出，v-else 元素必须紧跟在 v-if 或者 v-else-if 元素后面，v-else-if 元素必须紧跟在 v-if 或者 v-else-if 元素后面。

v-if 条件渲染指令必须添加到一个元素上。如果想包含多个元素，可以使用<template>元素（模板占位符），并在上面使用 v-if。最终的渲染结果不包含<template>元素。示例代码如下：

```
<template v-if="ok">
    <h1>Title</h1>
    <p>Paragraph 1</p>
    <p>Paragraph 2</p>
</template>
```

3.2.2　v-show 指令

v-show 指令的用法基本上与 v-if 一样，也是根据条件展示元素，例如<h1 v-show="yes">一级标题</h1>。不同的是，v-if 每次都会重新删除或创建元素，而带有 v-show 的元素始终会被渲染并保留在 DOM 中，只是切换元素的 display:none 样式。所以，v-if 有更高的切换消耗，而 v-show 有更高的初始渲染消耗。因此，如果需要频繁切换，使用 v-show 较好；

如果在运行时条件不大可能改变，使用 v-if 较好。另外，v-show 不支持<template>元素，也不支持 v-else。

【例 3-7】演示 v-if 与 v-show 的区别。

本例的代码如下：

```html
<div id="event-handling">
    <div v-if="flag">一直显示</div>
    <div v-show="flag">反复无常</div>
    <!-- v-on:click 调用事件方法, v-on:可缩写为@-->
    <button @click="flag=!flag">隐藏/显示</button>
</div>
<script src="js/vue.global.js"></script>
<script>
    Vue.createApp({
        data() {
            return {
                flag: true
            }
        }
    }).mount('#event-handling')
</script>
```

使用 Google 浏览器第一次运行程序时（按 F12 键），页面的初始化效果如图 3.3 所示。单击"隐藏/显示"按钮，页面如图 3.4 所示。

图 3.3　页面的初始化效果

图 3.4　单击"隐藏/显示"按钮后的效果

从图 3.4 可以看出，通过 v-if 控制的元素如果隐藏，从 DOM 中移除，而通过 v-show 控制的元素并没有真正移除，只是给其添加了 CSS 样式——display:none。

3.3 列表渲染指令 v-for

扫一扫

视频讲解

当需要遍历一个数组时，将会用到列表渲染指令 v-for。本节将介绍 v-for 指令的具体用法。

3.3.1 基本用法

用户可以使用 v-for 指令遍历一个数组或对象，它的表达式需要结合 in 来使用，形式为 item in items，其中 items 是源数据，而 item 是被迭代集合中元素的别名。v-for 还支持一个可选的参数作为当前项的索引。v-for 指令的常用方式如下：

❶ 遍历普通数组

例如：

```
<ul>
    <li v-for="(item,index) in items">
        {{index}} - {{ item }}
    </li>
</ul>
```

❷ 遍历对象数组

例如：

```
<ul>
<li v-for="user in users">
        {{ user.uname }}
</li>
</ul>
```

❸ 遍历对象属性

例如：

```
<li v-for="(value, key, index) in myObject">
        {{ ++index }}. {{ key }}: {{ value }}
</li>
```

❹ 迭代数字

例如：

```
<li v-for="i in 100">
        {{ i }}
</li>
```

【例 3-8】演示 v-for 指令的常用方式。

本例的具体代码如下：

```
<div id="myfor">
    <ul>
        <li v-for="(book, index) in books">
            {{++index}}. {{book}}
        </li>
    </ul>
    <ul>
        <li v-for="(author, index) in authors">
            {{++index}}. {{author.name}} - {{author.sex}}
        </li>
    </ul>
    <p v-for="(value, key, index) in userinfo">键是: {{key}}, 值是: {{value}},
    索引是: {{index}}</p>
    <p v-for="i in 5">这是第{{i}}段。</p>
</div>
<script src="js/vue.global.js"></script>
<script>
    Vue.createApp({
        data() {
            return {
                //普通数组
                books: ['Java Web 开发从入门到实战',
                'Java EE框架整合开发入门到实战——Spring+Spring MVC+MyBatis',
                'Spring Boot 从入门到实战'],
                //对象数组
                authors:[{name: '陈恒', sex: '男'}, {name: '陈恒11', sex: '女'},
                            {name: '陈恒22', sex: '男'}],
                //对象
                userinfo:{
                    uname: '陈恒3',
                    age: 88
                }
            }
        }
    }).mount('#myfor')
</script>
```

例 3-8 的运行效果如图 3.5 所示。

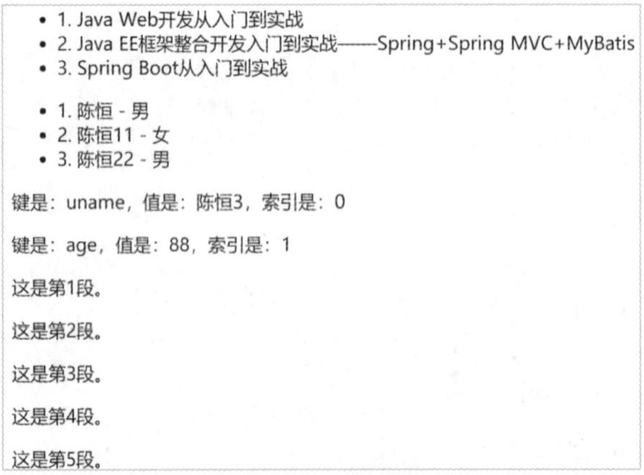

- 1. Java Web开发从入门到实战
- 2. Java EE框架整合开发入门到实战——Spring+Spring MVC+MyBatis
- 3. Spring Boot从入门到实战

- 1. 陈恒 - 男
- 2. 陈恒11 - 女
- 3. 陈恒22 - 男

键是: uname, 值是: 陈恒3, 索引是: 0

键是: age, 值是: 88, 索引是: 1

这是第1段。

这是第2段。

这是第3段。

这是第4段。

这是第5段。

图 3.5　例 3-8 的运行效果

3.3.2　数组更新

Vue.js 框架的核心是数据与视图的双向绑定，所以在使用 v-for 循环遍历并渲染数组时，数组变化将触发视图更新。

数组更新的方法具体如下：

❶ push()

使用 push()方法可以向数组的末尾添加一个或多个元素，并返回新的长度。

❷ pop()

pop()方法用于删除并返回数组的最后一个元素。

❸ unshift()

使用 unshift()方法可以向数组的开头添加一个或更多元素，并返回新的长度。

❹ shift()

shift()方法用于把数组的第一个元素从其中删除，并返回第一个元素的值。

❺ splice()

splice()方法用于添加或删除数组中的元素。如果仅删除一个元素，则返回一个元素的数组；如果未删除任何元素，则返回空数组。

❻ sort()

sort()方法用于对数组的元素进行排序。排序顺序可以按字母或数字升序或降序，默认排序顺序为按字母升序。

❼ reverse()

reverse()方法用于颠倒数组中元素的顺序。

下面通过一个实例讲解数组更新方法的具体应用。

【例 3-9】当数组更新时，v-for 渲染的视图也更新。

本例的具体代码如下：

```
<div id="myfor">
    <ul>
        <li v-for="(book, index) in books">
            {{++index}}. {{book}}
        </li>
    </ul>
    <button @click="add()">添加数组元素</button>
    <br>
    <button @click="reback()">反转数组元素</button>
    <br>
    <button @click="deletelast()">弹出数组最后一个元素</button>
    <br>
    <button @click="deletefirst()">删除数组第一个元素</button>
    <br>
    <button @click="mysort()">数组元素排序</button>
</div>
<script src="js/vue.global.js"></script>
<script>
    Vue.createApp({
        data() {
```

```
            return {
                books: ['Java Web 开发从入门到实战',
                    'Java EE 框架整合开发入门到实战——Spring+Spring MVC+MyBatis',
                    'Spring Boot 从入门到实战']
            }
        },
        methods:{
            add() {
                this.books.push('SSM + Spring Boot + Vue.js 3.x 全栈开发从入门
                    到实战（微课版）')
            },
            reback() {
                this.books.reverse()
            },
            deletelast() {
                this.books.pop()
            },
            deletefirst() {
                this.books.shift()
            },
            mysort() {
                this.books.sort()
            }
        }
    }).mount('#myfor')
</script>
```

例 3-9 的运行效果如图 3.6 所示。

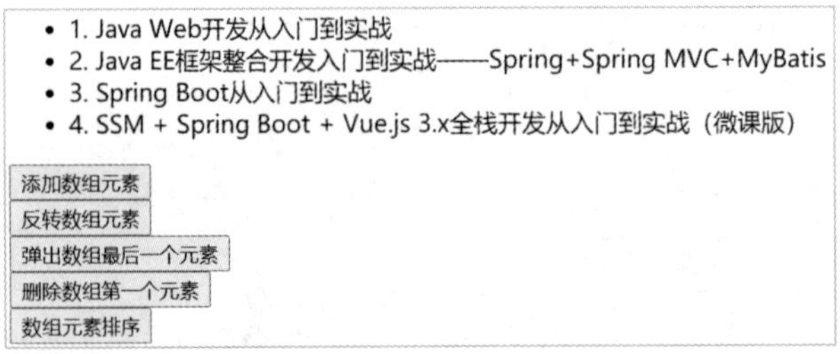

- 1. Java Web开发从入门到实战
- 2. Java EE框架整合开发入门到实战——Spring+Spring MVC+MyBatis
- 3. Spring Boot从入门到实战
- 4. SSM + Spring Boot + Vue.js 3.x全栈开发从入门到实战（微课版）

添加数组元素
反转数组元素
弹出数组最后一个元素
删除数组第一个元素
数组元素排序

图 3.6　例 3-9 的运行效果

当单击图 3.6 中的按钮使数组更新时，v-for 指令渲染的视图也将更新，这也是数据与视图双向绑定的具体体现。

3.3.3　过滤与排序

有时需要显示一个经过过滤或排序后的数组，而不实际变更或重置原始数据，在这种情况下可以使用计算属性返回过滤或排序后的数组。下面通过一个实例讲解如何使用计算属性返回过滤后的数组。

【例 3-10】使用计算属性过滤与排序数组，并使用 v-for 指令渲染过滤与排序后的数组。

本例的具体代码如下：

```
<div id="myfor">
    偶数元素:
```

```
    <ul>
        <li v-for="n in myNumbers">
            {{ n }}
        </li>
    </ul>
    降序排序:
    <ul>
        <li v-for="m in yourNumbers">
            {{ m }}
        </li>
    </ul>
</div>
<script src="js/vue.global.js"></script>
<script>
    Vue.createApp({
        data() {
            return {
                myData: [ 33, 44, 55, 66, 22]
            }
        },
        computed: {
            myNumbers() {
                //遍历myData，并返回满足条件的值，放在一个数组中
                return this.myData.filter(function (number) {
                    return number % 2 === 0
                })
                //等价于 return this.myData.filter(number => number % 2 === 0)
            },
            yourNumbers() {
                //遍历myData，并返回降序后的数组，重写sort规则（降序）
                return this.myData.sort(function (number1, number2){
                    if(number1 < number2)
                        return 1
                    else if(number1 === number2)
                        return 0
                    else
                        return -1
                })
            }
        }
    }).mount('#myfor')
</script>
```

例 3-10 的运行效果如图 3.7 所示。

偶数元素:

- 66
- 44
- 22

降序排序:

- 66
- 55
- 44
- 33
- 22

图 3.7　例 3-10 的运行效果

在嵌套 v-for 指令中，计算属性可能无能为力，这时可使用 methods 解决。下面通过一个实例讲解如何使用 methods 解决嵌套 v-for 指令的问题。

【例 3-11】使用 methods 过滤二维数组中大于 100 的元素，并使用嵌套 v-for 指令循环渲染过滤的结果。

本例的具体代码如下：

```html
<div id="myfor">
    大于100 的元素:
    <ul v-for="numbers in myData">
        <li v-for="n in myNumbers(numbers)">
            {{ n }}
        </li>
    </ul>
</div>
<script src="js/vue.global.js"></script>
<script>
    Vue.createApp({
        data() {
            return {
                myData: [[ 111, 200, 300, 44, 55 ], [600, 7777, 88, 999, 10]]
            }
        },
        methods: {
            //numbers=[ 111, 200, 300, 44, 55 ]
            myNumbers(numbers) {
                //number 为 numbers 中的元素
                return numbers.filter(function (number) {
                    return number > 100
                })
            }
        }
    }).mount('#myfor')
</script>
```

例 3-11 的运行效果如图 3.8 所示。

大于100的元素:

- 111
- 200
- 300

- 600
- 7777
- 999

图 3.8　例 3-11 的运行效果

3.4　事 件 处 理

本节将重点介绍 Vue 事件处理的相关概念、方法及过程。

3.4.1　使用 v-on 指令监听事件

　　所有的事件处理都离不开事件监听器，在 Vue.js 中可以使用 v-on 指令给 HTML 元素添加一个事件监听器，通过该指令调用在 Vue 实例中定义的方法。下面使用 v-on 指令监听按钮事件，实现字符串反转。

　　【例 3-12】使用 v-on 指令监听按钮事件，实现字符串反转。

　　本例的具体代码如下：

```html
<div id="event-handling">
    <p>{{ message }}</p>
    <button v-on:click="reverseMessage">反转 Message</button>
    <!-- v-on:可缩写为 "@"，是一个语法糖-->
    <button @click="reverseMessage">反转 Message</button>
</div>
<script src="js/vue.global.js"></script>
<script>
    const EventHandling = {
        data() {
            return {
                message: 'Hello Vue.js!'
            }
        },
        methods: {            //方法定义
            reverseMessage() {
                this.message = this.message.split("").reverse().join("")
            }
        }
    }
    Vue.createApp(EventHandling).mount('#event-handling')
</script>
```

　　在上述代码中，@click 等同于 v-on:click，是一个语法糖；在 methods 属性中定义了触发事件时调用的方法。@click 调用的方法如果没有参数，方法名后可以不写括号 "()"。

3.4.2　使用$event 访问原生的 DOM 事件

　　在 Vue.js 中有时需要访问原生的 DOM 事件。Vue.js 提供了一个特殊变量$event，用于访问原生的 DOM 事件，例如下面的实例阻止打开链接。

　　【例 3-13】阻止打开链接。

　　本例的具体代码如下：

```html
<div id="event-handling">
    <a href="https://www.baidu.com/" @click="warn('考试期间禁止百度!', $event)">
去百度</a>
</div>
<script src="js/vue.global.js"></script>
<script>
```

```
    Vue.createApp({
        methods: {
            warn(message, event) {
                //event 访问原生的 DOM 事件
                event.preventDefault()
                alert(message)
            }
        }
    }).mount('#event-handling')
</script>
```

例 3-13 的运行效果如图 3.9 所示。

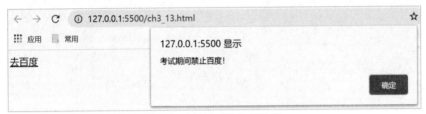

图 3.9　例 3-13 的运行效果

3.4.3　事件修饰符

在事件处理中调用 event.preventDefault()或 event.stopPropagation()是非常常见的需求。尽管在方法中可以轻松实现这类需求，但方法最好只有纯粹的数据逻辑，而不是去处理 DOM 事件细节。

为解决该问题，Vue.js 为 v-on 提供了事件修饰符。修饰符用点开头的指令后缀表示。Vue.js 支持的修饰符有.stop、.prevent、.capture、.self、.once 和.passive。其用法是在@绑定的事件后加小圆点“.”，再跟修饰符，具体如下：

```
<!--阻止单击事件-->
<a @click.stop="doThis"></a>
<!--提交事件不再重载页面-->
<form @submit.prevent="onSubmit"></form>
<!--修饰符可以串联-->
<a @click.stop.prevent="doThat"></a>
<!--只有修饰符-->
<form @submit.prevent></form>
<!--添加事件监听器时使用事件捕获模式，即内部元素触发的事件先在此处理，然后才交由内部
元素进行处理-->
<div @click.capture="doThis">…</div>
<!--当事件在该元素自身触发时触发回调，即事件不是从内部元素触发的-->
<div @click.self="doThat">…</div>
<!--只触发一次-->
<a @click.once="doThis"></a>
<!--滚动事件的默认行为（即滚动行为）将会立即触发，而不会等待“onScroll”完成-->
<div @scroll.passive="onScroll">…</div>
```

3.5 表单与 v-model

表单控件是网页数据交互的必备手段。本节将介绍如何使用 v-model 指令完成表单数据的双向绑定。

3.5.1 基本用法

表单用于向服务器传输数据，较为常见的表单控件有单选按钮、复选框、下拉列表、输入框等，用表单控件可以完成数据的录入、校验、提交等。Vue.js 用 v-model 指令在表单\<input\>、\<textarea\>及\<select\>元素上创建双向数据绑定（Model 到 View 以及 View 到 Model）。使用 v-model 指令的表单元素将忽略该元素的 value、checked、selected 等属性的初始值，而是将当前活动的 Vue 实例的数据作为数据来源。所以，在使用 v-model 指令时，应通过 JavaScript 在 Vue 实例的 data 选项中声明初始值。

从 Model 到 View 的数据绑定，即 ViewModel 驱动将数据渲染到视图；从 View 到 Model 的数据绑定，即 View 中元素上的事件被触发后导致数据变更将通过 ViewModel 驱动修改数据层。下面通过一个实例演示 v-model 指令在表单元素上实现双向数据绑定。

【例 3-14】v-model 指令在表单元素上实现双向数据绑定。

本例的具体代码如下：

```
<div id="vmodel-databinding">
    用户名: <input v-model="uname" />
    <p>输入的用户名是: {{ uname }}</p>
    <textarea v-model="introduction"></textarea>
    <p>输入的个人简介是: {{ introduction }}</p>
    <p>
        备选歌手:
        <input type="checkbox" id="zhangsan" value="张三" v-model="singers" />
        <label for="zhangsan">张三</label>
        <input type="checkbox" id="lisi" value="李四" v-model="singers" />
        <label for="lisi">李四</label>
        <input type="checkbox" id="wangwu" value="王五" v-model="singers" />
        <label for="wangwu">王五</label>
        <input type="checkbox" id="chenheng" value="陈恒" v-model="singers" />
        <label for="chenheng">陈恒</label>
        <br />
        <span>你喜欢的歌手: {{ singers }}</span>
    </p>
    <p>
        性别:
        <input type="radio" id="male" value="男" v-model="sex" />
        <label for="male">男</label>
        <input type="radio" id="female" value="女" v-model="sex" />
        <label for="female">女</label>
        <br />
```

```
        <span>你的性别: {{ sex }}</span>
    </p>
    <p>
        <!--单选下拉列表-->
        备选国籍:
        <select v-model="single">
            <option v-for="option in options" :value="option.value">
                {{ option.text }}
            </option>
        </select><br>
        <span>你的国籍: {{ single }}</span>
    </p>
    <p>
        <!--多选下拉列表-->
        备选国家:
        <select v-model="moreselect" multiple>
            <option v-for="option in moreoptions" :value="option.value">
                {{ option.text }}
            </option>
        </select><br>
        <span>你去过的国家: {{ moreselect }}</span>
    </p>
</div>
<script src="js/vue.global.js"></script>
<script>
    Vue.createApp({
        data() {
            return {
                uname: '陈恒',
                introduction: '我是一个好少年',
                //多个复选框,绑定到同一个数组,默认选择歌手'陈恒'
                singers: ['陈恒'],
                sex: '女',                      //默认性别为女
                //单选下拉列表绑定变量,默认国籍为中国
                single: '中国',
                options: [
                    { text: '中国', value: '中国' },
                    { text: '日本', value: '日本' },
                    { text: '美国', value: '美国' }
                ],
                moreselect: ['中国'],          //多选下拉列表绑定一个数组,默认去过中国
                moreoptions: [
                    { text: '中国', value: '中国' },
                    { text: '英国', value: '英国' },
                    { text: '日本', value: '日本' },
                    { text: '美国', value: '美国' }
                ],
            }
        }
    }).mount('#vmodel-databinding')
</script>
```

例 3-14 的运行效果如图 3.10 所示。

用户名：陈恒

输入的用户名是：陈恒

我是一个好少年

输入的个人简介是：我是一个好少年

备选歌手：☐张三 ☐李四 ☐王五 ☑陈恒
你喜欢的歌手：["陈恒"]

性别：○男 ◉女
你的性别：女

备选国籍：中国 ⌄
你的国籍：中国

中国
英国
日本
备选国家：美国
你去过的国家：["中国"]

图 3.10 例 3-14 的运行效果

3.5.2 修饰符

在默认情况下，v-model 在每次 input 事件触发后将输入框中的值与数据进行同步。如果不想在每次 input 事件触发后同步，可以添加 lazy 修饰符，从而转换为在 change 事件后进行同步。示例代码如下：

```
<!--在"change"时更新-->
<input v-model.lazy="msg"/>
```

如果需要将用户的输入值自动转换为数值类型，可以给 v-model 添加 number 修饰符。示例代码如下：

```
<input v-model.number="age" type="number" />
```

如果需要将用户输入的首尾空格自动去除，可以给 v-model 添加 trim 修饰符。示例代码如下：

```
<input v-model.trim="msg" />
```

下面通过实例讲解修饰符的用法。

【例 3-15】演示 v-model 的修饰符的用法。

本例的具体代码如下：

```
<div id="vmodel-databinding">
    用户名：<input type="text" v-model.lazy="uname">
    <p>{{ uname }}</p>
    年龄：<input type="text" v-model.number="age">
    <p>{{ typeof(age) }}</p>
    信息：<input type="text" v-model.trim="message">
    <p>{{ message.length }}</p>
</div>
<script src="js/vue.global.js"></script>
```

```
<script>
    Vue.createApp({
        data() {
            return {
                uname: '',
                age: '',
                message: ''
            }
        }
    }).mount('#vmodel-databinding')
</script>
```

在运行例 3-15 时，用户名 uname 加上 lazy 修饰符后并不是实时改变的，而是在失去焦点或按回车键时才改变；年龄 age 加上 number 修饰符后，输入的数字字符串转换为 Number 类型；信息 message 加上 trim 修饰符后，去掉输入值的前后空格。

扫一扫

视频讲解

3.6　实战：购物车实例　✳

本节以 Vue.js 的计算属性、内置指令、方法等技术为基础，完成一个在电商平台中具有代表性的小功能——购物车。购物车的具体需求如下：

（1）展示已加入购物车的商品列表，包括商品名称、商品单价、购买数量和实时购买的总价。

（2）购买数量可以增加或减少，每类商品还可以从购物车中删除。最终实现的效果如图 3.11 所示。

图 3.11　购物车效果图

因购物车的代码实现稍微复杂，这里将 JavaScript 从 HTML 中分离出来，以便于阅读和维护。具体代码文件如下：

- cart.html（引入资源、模板及 CSS）；
- cart.js（Vue 实例及业务代码）。

在 cart.html 中引入 Vue.js 和 cart.js，创建一个根元素（<div id="cart">）来挂载 Vue 实例。cart.html 的具体代码如下：

```
<div id="cart">
    <template v-if="cartList.length">
        <table>
            <thead>
```

```
            <tr>
                <th></th>
                <th>商品名称</th>
                <th>商品单价</th>
                <th>购买数量</th>
                <th>操作</th>
            </tr>
            <tbody>
                <tr v-for="(item, index) in cartList">
                    <td>{{ index + 1 }}</td>
                    <td>{{ item.gname }}</td>
                    <td>{{ item.gprice }}</td>
                    <td>
                        <button @click="reduce(index)" :disabled="item.count
                        ===1">-</button>
                            {{ item.count }}
                        <button @click="add(index)">+</button>
                    </td>
                    <td>
                        <button @click="remove(index)">删除</button>
                    </td>
                </tr>
            </tbody>
        </thead>
    </table>
    <div>总价：￥ {{ totalPrice }} <button @click="removeAll">清空购物车
    </button></div>
</template>
<div v-else>购物车为空</div>
</div>
<script src="js/vue.global.js"></script>
<script src="cart.js"></script>
<style>
    table{
        border: 1px solid #e9e9e9;
        border-collapse:collapse;
    }
    th, td{
        padding: 8px 16px;
        border: 1px solid #e9e9e9;
    }
    th{
        background: #f7f7f7;
    }
</style>
```

在 cart.js 中，首先初始化 Vue 实例，然后在 data 选项中初始化商品列表 cartList，再次使用计算属性 totalPrice 计算购物车商品总价，最后在 methods 选项中定义事件处理方法。cart.js 的具体代码如下：

```
Vue.createApp({
    data() {
```

```
            return {
                cartList:[
                    {
                        id: 1,
                        gname: 'Spring Boot 从入门到实战',
                        gprice: 79.8,
                        count: 5
                    },
                    {
                        id: 2,
                        gname: 'Java Web 开发从入门到实战',
                        gprice: 69.8,
                        count: 10
                    },
                    {
                        id: 3,
                        gname: 'Java EE 框架整合开发入门到实战',
                        gprice: 69.8,
                        count: 100
                    }
                ]
            }
    },
    computed: {
        totalPrice() {
            var total = 0
            for (var i = 0; i < this.cartList.length; i++) {
                var item = this.cartList[i]
                total = total + item.gprice * item.count
            }
            return total
        }
    },
    methods: {
        reduce(index) {
            if(this.cartList[index].count === 1)
                return
            this.cartList[index].count--
        },
        add(index) {
            this.cartList[index].count++
        },
        remove(index) {
            this.cartList.splice(index, 1)
        },
        removeAll() {
            this.cartList.splice(0, this.cartList.length)
        }
    }
}).mount('#cart')
```

本 章 小 结

本章详细介绍了 v-bind 绑定指令、v-if 与 v-show 条件指令、v-for 列表渲染指令、v-on 事件处理指令和 v-model 表单数据双向绑定指令。通过本章的学习，读者应掌握这些内置指令的用法。

习 题 3

1. 下列选项中能够实现绑定属性的指令是（ ）。

A. v-once   B. v-bind   C. v-model   D. v-on

2. 下列选项中能够实现表单数据的双向绑定的指令是（ ）。

A. v-once   B. v-if   C. v-model   D. v-on

3. 下列指令中能够捕获事件的是（ ）。

A. v-for   B. v-bind   C. v-if   D. v-on

4. 下列事件修饰符中能够阻止事件冒泡的是（ ）。

A. .stop   B. .prevent   C. .capture   D. .self

5. 下列事件修饰符中能够实现事件只被触发一次的是（ ）。

A. .prevent   B. .once   C. .capture   D. .self

6. 下列 v-model 修饰符中能够将用户的输入值自动转换为数值类型的是（ ）。

A. .trim   B. .lazy   C. .number   D. 所有选项都不是

7. 下列指令中不属于条件渲染指令的是（ ）。

A. v-if   B. v-show   C. v-else-if   D. v-for

8. 参考例 3-11，使用 v-for 指令输出二维数组中的偶数元素。

9. 参考 3.6 节，将以下二维数组的数据显示在购物车界面 practice3_1.html（效果如图 3.12 所示）中。

```
cartList:[
    {
        type:'图书',
        items:[
            {
                id: 1,
                gname: 'Spring Boot 从入门到实战',
                gprice: 79.8,
                count: 5
            },
            {
                id: 2,
                gname: 'Java Web 开发从入门到实战',
                gprice: 69.8,
                count: 10
            },
            {
                id: 3,
                gname: 'Java EE 框架整合开发入门到实战',
```

```
                gprice: 69.8,
                count: 100
            }
        ]
    },
    {
        type:'家电',
        items:[
            {
                id: 1,
                gname: '电视机X',
                gprice: 888,
                count: 5
            },
            {
                id: 2,
                gname: '冰箱Y',
                gprice: 999,
                count: 10
            }
        ]
    }
]
```

商品类别	商品名称	商品单价	购买数量	操作
图书	Spring Boot从入门到实战	79.8	- 5 +	删除
	Java Web开发从入门到实战	69.8	- 10 +	删除
	Java EE框架整合开发入门到实战	69.8	- 100 +	删除
家电	电视机X	888	- 5 +	删除
	冰箱Y	999	- 10 +	删除

总价：￥22507　清空购物车

图 3.12　practice3_1.html 的运行效果

第 4 章 组件

组件

学习目的与要求

本章主要讲解组件的注册与通信。通过本章的学习，希望读者掌握组件的用法，理解组件的通信原理。

本章主要内容

- ❖ 组件的注册
- ❖ 组件的通信
- ❖ 插槽
- ❖ 动态组件与异步组件

组件（Component）是 Vue.js 最核心的功能，是可扩展的 HTML 元素（可看作自定义的 HTML 元素）。组件的作用是封装可重用的代码，组件同时也是 Vue 实例，可以接受与 Vue 相同的选项对象，并提供相同的生命周期钩子。

组件系统是 Vue.js 中的一个重要概念，它提供了一种抽象，让用户可以使用独立、可复用的小组件来构建大型应用，任何类型的应用界面都可以抽象为一个组件树。这种前端组件化，方便 UI 组件的重用。

本章将和读者一起由浅入深地学习组件的相关内容。

4.1 组件的注册

为了能在 UI 模板中使用组件，必须先注册组件，以便 Vue 识别。通常有两种组件注册类型，即全局注册和局部注册。

4.1.1 全局注册

组件可通过 component 方法实现全局注册，全局注册的示例代码如下：

```
const app = Vue.createApp({})
app.component('component-a', {
    //选项
})
app.component('component-b', {
    //选项
})
app.component('component-c', {
    //选项
})
app.mount('#app')
```

app.component 的第一个参数是 component-a 组件的名称（自定义标签），组件的名称推荐全部小写，包含连字符（即有多个单词），以避免与 HTML 元素相冲突。

在注册后任何 Vue 实例都可以使用这些组件，示例代码如下：

```
<div id="app">
    <component-a></component-a>
    <component-b></component-b>
    <component-c></component-c>
</div>
```

下面通过一个实例演示全局组件的用法。

【例 4-1】定义一个名为 button-counter 的全局组件，组件显示的内容为一个按钮，运行效果如图 4.1 所示。

本例的具体代码如下：

```
<template id="button-counter">
    <button @click="count++">You clicked me {{ count }} times.</button>
</template>
<div id="components-demo">
    <!--在模板中任意使用组件-->
    <!--每个组件都会各自独立维护它的count，因为每用一次组件，就会有一个它的新实例被
        创建-->
    <button-counter></button-counter><br><br>
    <button-counter></button-counter><br><br>
    <button-counter></button-counter>
</div>
```

```
<script src="js/vue.global.js"></script>
<script>
    //创建一个Vue应用
    const app = Vue.createApp({})
    //定义一个名为button-counter的全局组件（注册）
    app.component('button-counter', {
        data() {
            return {
                count: 0
            }
        },
        //组件显示的内容
        template: '#button-counter'
    })
    app.mount('#components-demo')
</script>
```

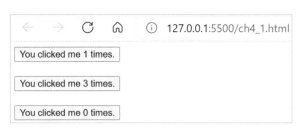

图 4.1   例 4-1 的运行效果

在定义组件的代码中，template 是定义组件显示的内容，必须被一个 HTML 元素包含（例如<button>），否则无法渲染。除了 template 选项以外，组件可以像 Vue 实例那样使用 data、computed、methods 选项，如上述的 button-counter 组件。

4.1.2   局部注册

全局注册往往是不够理想的。例如使用 webpack（后续讲解）构建系统，全局注册的组件即使不再使用，仍然被包含在最终的构建结果中，造成用户无意义地下载 JavaScript。在这些情况下可以通过一个普通的 JavaScript 对象来定义组件：

```
const ComponentA = {
    /* ... */
}
const ComponentB = {
    /* ... */
}
const ComponentC = {
    /* ... */
}
```

然后使用 Vue 实例的 components 选项局部注册组件：

```
const app = Vue.createApp({
    components: {
```

```
        'component-a': ComponentA,          //component-a 为局部组件的名称
        'component-b': ComponentB
    }
})
```

局部注册的组件只在该组件的作用域下有效。例如，希望 ComponentA 在 ComponentB 中可用，需要在 ComponentB 中使用 components 选项局部注册 ComponentA：

```
const ComponentA = {
/* … */
}
const ComponentB = {
    components: {
        'component-a': ComponentA
    }
    //…
}
```

【例 4-2】演示局部组件的用法。

本例的代码如下：

```
<div id="partcomponents-demo">
    <component-b></component-b>
    <!--component-a 失效-->
    <component-a></component-a>
</div>
<script src="js/vue.global.js"></script>
<script>
    const ComponentA = {
        template: '<span>这是私有组件A! </span>'
    }
    const ComponentB = {
        components: {
            'component-a': ComponentA
        },
        template: '<span>这是私有组件B! </span>'
    }
    //创建一个 Vue 应用
    const app = Vue.createApp({
        components: {
            'component-b': ComponentB
        }
    })
    app.mount('#partcomponents-demo')
</script>
```

例 4-2 的运行效果如图 4.2 所示。

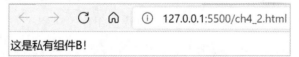

图 4.2　例 4-2 的运行效果

从图 4.2 可以看出，component-a 组件没有显示，这是因为它不是 Vue 实例 app 的组件，而是 ComponentB 的私有组件。

4.2 使用 props 传递数据

扫一扫

视频讲解

组件除了复用模板内容以外，更重要的是传递数据，传递数据是用 props 实现的。本节将介绍如何使用 props 实现在组件间传递数据。

4.2.1 基本用法

在组件中，使用选项 props 来声明从父组件接收的数据，props 的值可以是字符串数组，也可以是对象。下面通过一个实例介绍数组类型的用法。

【例 4-3】构造两个数组 props，一个数组接收来自父组件的数据 message（实现静态传递），另一个数组接收来自父组件的数据 id 和 title（实现动态传递），并将它们在组件模板中渲染。

本例的代码如下：

```
<!--父组件显示-->
<template id="parent">
    <h4>{{ message }}</h4>
    <!--使用v-bind将父组件parent的data(posts)动态传递给props，children组件
        只能在parent中-->
    <children v-for="post in posts" :id="post.id" :title="post.title"></children>
    <!--将一个对象的所有属性都作为prop传入，与上面一句等价-->
    <children v-for="post in posts" v-bind="post" ></children>
</template>
<!--子组件显示-->
<template id="children">
    <h4>{{id}} : {{ title }}</h4>
</template>
<div id="message-post-demo">
    <!--静态传递字符串，父组件就是Vue当前的实例-->
    <parent message="来自父组件的消息"></parent>
</div>
<script src="js/vue.global.js"></script>
<script>
    const messageApp = Vue.createApp({})
    messageApp.component('parent', {
        data() {
            return {
                //posts是对象数组
                posts: [
                    { id: 1, title: 'My journey with Vue' },
                    { id: 2, title: 'Blogging with Vue' },
                    { id: 3, title: 'Why Vue is so fun' }
                ]
```

```
        }
    },
    props: ['message'],              //接收父组件 messageApp 传递的数据
    components: {                    //创建子组件 children
        'children':{
            props: ['id','title'],   //接收父组件 parent 传递的数据
            template: '#children'
        }
    },
    template: '#parent'
})
messageApp.mount('#message-post-demo')
</script>
```

例 4-3 的运行效果如图 4.3 所示。

图 4.3　例 4-3 的运行效果

4.2.2　单向数据流

使用 props 实现的数据传递都是单向的，即父组件的数据变化时，子组件中所有的 props 将刷新为最新的值，但是反过来不行。这样设计的原因是尽可能将父子组件解耦，避免子组件无意中修改父组件的状态。如果在业务中需要改变 props，一种是父组件传递初始值，子组件将它作为初始值保存，在子组件自己的作用域下随意修改；另一种是使用计算属性修改。下面通过一个实例讲解如何在子组件中修改父组件传递的值。

【例 4-4】在子组件中声明数据 count 保存来自父组件的 mycount，count 改变不影响 mycount。本例的具体代码如下：

```
<template id="child-app">
    <button @click="count++">You clicked me {{ count }} times.</button>
</template>
<div id="app">
    父组件的计数器：{{mycount}}<br>
    <child-counter :parent-count="mycount"></child-counter>
</div>
<script src="js/vue.global.js"></script>
```

```
<script>
    //创建一个 Vue 应用
    const app = Vue.createApp({
        data() {
            return {
                mycount: 10
            }
        }
    })
    app.component('child-counter', {
        props: ['parentCount'],
        data() {
            return {
                count: this.parentCount
            }
        },
        //组件显示的内容
        template: '#child-app'
    })
    app.mount('#app')
</script>
```

在例 4-4 中，由于 HTML 不区分大小写，当使用 DOM 模板时，以驼峰式命名的 props 名称 parentCount 要转换为以短横线命名的名称 parent-count。例 4-4 的运行效果如图 4.4 所示。

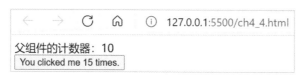

图 4.4　例 4-4 的运行效果

在图 4.4 中，单击按钮将改变子组件计数器 count 的值，而父组件计数器 mycount 的值（通过 props 传递给子组件）不受影响。

4.2.3　数据验证

在使用 props 实现数据传递的同时，还可以为 props 指定验证要求。一般情况下，当组件需要提供给别人使用时，最好进行数据验证。例如，某个数据必须是数字类型，如果传入字符串，Vue 将在浏览器的控制台中弹出警告。

为了定制 props 的验证方式，可以为 props 的值提供带有验证需求的对象，而不是字符串数组。下面通过一个实例讲解 props 验证。

【例 4-5】给组件的 props 提供带有验证需求的对象。

本例的具体代码如下：

```
<template id="validate">
    <div>
        <h4>{{ num }}</h4>
        <h4>{{ strnum }}</h4>
```

```
            <h4>{{ isrequired }}</h4>
            <h4>{{ numdefault }}</h4>
            <h4>{{ objectdefault }}</h4>
            <h4>{{ myfun }}</h4>
        </div>
</template>
<div id="validate-post-demo">
    <validate-post
        :num="200"
        :strnum="'sdf'"
        :isrequired="'abc'"
        :numdefault="300"
        :objectdefault="{a:'a'}"
        :myfun="'aaa'">
    </validate-post>
</div>
<script src="js/vue.global.js"></script>
<script>
    const messageApp = Vue.createApp({})
    messageApp.component('validate-post', {
        props: {
            //基础的类型检查（null 和 undefined 会通过任何类型验证）
            num: Number,
            //多个可能的类型，字符串或数字
            strnum: [String, Number],
            //必填的字符串
            isrequired: {
                type: String,
                required: true
            },
            //带有默认值的数字
            numdefault: {
                type: Number,
                default: 100
            },
            //带有默认值的对象
            objectdefault: {
                type: Object,
                //对象或数组的默认值必须从一个工厂函数获取
                default: function() {
                    return { message: 'hello' }
                }
            },
            //自定义验证函数
            myfun: {
                validator: function(value) {
                    //这个值必须匹配下列字符串中的一个
                    return ['success', 'warning', 'danger'].indexOf(value) !== -1
                }
            }
        },
        template: '#validate'
    })
```

```
messageApp.mount('#validate-post-demo')
</script>
```

在例 4-5 中，type 的类型可以是 String、Number、Boolean、Array、Object、Date、Function、Symbol 等数据类型。如果验证失败，将在浏览器的控制台中弹出警告。在例 4-5 中，验证函数验证失败，弹出如图 4.5 所示的警告。

图 4.5 例 4-5 弹出的警告

4.3 组件的通信

props 可以实现父组件向子组件传递数据，即通信。Vue 组件的通信场景有很多，例如父子组件通信、兄弟组件通信、组件链通信等。本节将介绍各种组件间通信的方法。

4.3.1 使用自定义事件通信

用户可通过 props 从父组件向子组件传递数据，并且这种传递是单向的。当需要从子组件向父组件传递数据时，需要首先给子组件自定义事件并使用$emit(事件名，要传递的数据)方法触发事件，然后父组件使用 v-on 或@监听子组件的事件。下面通过一个实例讲解使用自定义事件实现通信的方法。

【例 4-6】子组件触发两个事件，分别实现字体变大和变小，运行效果如图 4.6 所示。

图 4.6 例 4-6 的运行效果

本例的具体代码如下：

```html
<template id="blog">
    <!--0.1 是传递给父组件 blogApp 的数据，可以不填。当在父组件监听这个事件时，可以通
过$event 访问该数据。如果事件处理函数是一个方法，那么该数据将会作为第一个参数传入该方法
（例如 onEnlargeText）-->
    <h4>{{id}} : {{ title }}</h4>
    <button @click="$emit('enlarge-text', 0.1)">变大</button>
    <button @click="$emit('ensmall-text', 0.1)">变小</button>
</template>
<div id="blog-post-demo">
    <div v-bind:style="{ fontSize: postFontSize + 'em' }">
    <!--将一个对象的所有属性作为 prop 传递给子组件，@父组件监听事件并更新
        postFontSize 的值-->
    <!--$event 接收子组件传递过来的数据 0.1-->
    <blog-post v-for="post in posts" v-bind="post" @ensmall-text=
    "postFontSize -= $event" @enlarge-text="onEnlargeText"></blog-post>
    </div>
</div>
<script src="js/vue.global.js"></script>
<script>
const blogApp = Vue.createApp({
    data() {
        return {
            //posts 是对象数组
            posts: [
                { id: 1, title: 'My journey with Vue' },
                { id: 2, title: 'Blogging with Vue' },
                { id: 3, title: 'Why Vue is so fun' }
            ],
            postFontSize: 1
        }
    },
    methods: {
        onEnlargeText(enlargeAmount) {
            this.postFontSize += enlargeAmount
        }
    }
})
blogApp.component('blog-post', {   //定义子组件
    props: ['id', 'title'],            //接收父组件 blogApp 的两个参数 id 和 title
    template: '#blog'
})
blogApp.mount('#blog-post-demo')
</script>
```

在例 4-6 中，事件名称推荐使用短横线命名（例如 enlarge-text），这是因为 HTML 是不区分大小写的。如果事件名为 enlargeText，@enlargeText 将变成@enlargetext，事件 enlargeText 不可能被父组件监听到。

4.3.2　使用 v-model 通信

除了可以自定义事件实现子组件向父组件传值外，还可以在子组件上使用 v-model 向父组件传值，实现双向绑定。

下面通过一个实例讲解如何在子组件上使用 v-model 向父组件传值。

【例 4-7】使用 v-model 实现子组件向父组件传值，并实现双向绑定，运行效果如图 4.7 所示。

图 4.7　例 4-7 的运行效果

本例的具体代码如下：

```html
<template id="custom">
<!--为了让子组件正常工作，子组件内的<input> 必须将其 value 属性绑定到一个名为
modelValue 的 props 上，在其 input 事件被触发时将新的值通过自定义的 update:modelValue
事件传递-->
    <input :value="modelValue" @input="$emit('update:modelValue', $event.
    target.value)" >
</template>
<div id="vmodel-post-demo">
    {{searchText}}<br>
    <custom-input v-model="searchText"></custom-input><br>
    <!--这两个子组件等价-->
<custom-input :model-value="searchText" @update:model-value="searchText =
 $event"></custom-input>
</div>
<script src="js/vue.global.js"></script>
<script>
    const blogApp = Vue.createApp({
        data() {
            return {
                searchText: '陈恒'
            }
        }
    })
    blogApp.component('custom-input', {
        props: ['modelValue'],
        template: '#custom'
    })
    blogApp.mount('#vmodel-post-demo')
</script>
```

在例 4-7 中实现了一个具有双向绑定的 v-model 组件，需要满足以下两个要求：

（1）接收一个 value 属性。

（2）在有新的 value 时触发 input 事件。

4.3.3　使用 mitt 实现非父子组件通信

在 Vue.js 中，推荐使用一个空的 Vue 实例作为媒介（中央事件总线）实现父子组件、兄弟组件及组件链通信，例如买房卖房中介帮忙，买卖双方通过房产中介（中央事件总线）实现需求对接。

在 Vue.js 2.x 中，Vue 实例可通过事件触发 API（$on、$off 和 $once）实现中央事件总线，但是在 Vue.js 3.x 中移除了$on、$off 和$once 实例方法，推荐使用外部库 mitt 来代替。使用 TypeScript 编写的 mitt 源代码具体如下：

```
/**
 * @param 入参为 EventHandlerMap 对象
 * @returns 返回一个对象，对象包含 all 属性以及 on、off、emit 方法
 */
function mitt(all) {
    all = all || new Map();
    return {
        //事件键值对映射对象
        all,
        /**
         * 注册一个命名的事件处理
         * @param type 事件名
         * @param handler 事件处理函数
         */
        on(type, handler) {
            //根据 type 去查找事件
            const handlers = all.get(type);
            //如果找到相同的事件，则继续添加，Array.prototype.push 返回值为添加后的
            //新长度
            const added = handlers && handlers.push(handler);
            //如果已添加了 type 事件，则不再执行 set 操作
            if (!added) {
                all.set(type, [handler]);  //注意此处的值是数组类型，可以添加多
                                           //个相同的事件
            }
        },
        /**
         * 移除指定的事件处理
         * @param type 事件名，和第二个参数一起用来移除指定的事件
         * @param handler 事件处理函数
         */
        off(type, handler) {
            //根据 type 去查找事件
            const handlers = all.get(type);
            //如果找到则进行删除操作
            if (handlers) {
                handlers.splice(handlers.indexOf(handler) >>> 0, 1);
```

```
                }
            },
            /**
             * 触发所有 type 事件，如果有 type 为 * 的事件，则最后执行
             * @param type 事件名
             * @param evt 传递给处理函数的参数
             */
            emit(type, evt) {
                //找到 type 的事件，循环执行
                (all.get(type) || []).slice().map((handler) => { handler(evt); });
                //然后找到所有为*的事件，循环执行
                (all.get('*') || []).slice().map((handler) => { handler(type, evt); });
            }
        };
    }
```

下面通过一个实例讲解如何使用 mitt 实现非父子组件通信。

【例 4-8】使用 mitt 新建一个中央事件总线 bus，然后分别创建两个 Vue 实例 buyer（买方）和 seller（卖方），买卖双方互相通信，运行效果如图 4.8 所示。

图 4.8　例 4-8 的运行效果

本例的具体代码如下：

```
<div id="buyer">
    <h1>{{ message1 }}</h1>
    <button @click="transferb">我是买方，向卖方传递信息</button>
</div>
<div id="seller">
    <h1>{{ message2 }}</h1>
    <button @click="transfers">我是卖方，向买方传递信息</button>
</div>
<script src="js/vue.global.js"></script>
<script src="js/mitt.js"></script>
<script>
    const bus = mitt()
    //买方
    const buyer = Vue.createApp({
        data() {
            return {
                message1: ''
            }
```

```
        },
        methods: {
            transferb() {
                //用 emit 触发事件传值
                bus.emit('on-message1', '来自买方的信息')
            }
        },
        mounted(){
            //监听
            bus.on('on-message2',(msg)=>{          //(msg)相当于 function(msg)
                this.message1 = msg
            })
        }
    })
    buyer.mount('#buyer')
    //卖方
    const seller = Vue.createApp({
        data() {
            return {
                message2: "
            }
        },
        methods: {
            transfers() {
                //用 emit 触发事件传值
                bus.emit('on-message2', '来自卖方的信息')
            }
        },
        mounted(){
            //监听
            bus.on('on-message1',(msg)=>{  //(msg)相当于 function(msg)
                this.message2 = msg
            })
        }
    })
    seller.mount('#seller')
</script>
```

在图 4.8 中，单击按钮实现买卖双方互相通信。

4.3.4 提供/注入（组件链传值）

当需要将数据从父组件传递到子组件时，可以使用 props 实现。但有时一些子组件是深嵌套的，如果将 props 传递到整个组件链中将很麻烦，更不可取。对于这种情况，可以使用 provide 和 inject 实现组件链传值。父组件可以作为其所有子组件的依赖项提供程序，而不管组件的层次结构有多深，父组件有一个 provide 选项来提供数据，子组件有一个 inject 选项来使用这个数据。下面通过一个实例演示组件链传值的用法。

【例 4-9】创建 Vue 实例为祖先组件，并使用 provide 提供一个数据给其子孙组件 inject。本例的具体代码如下：

```
<template id="son">
```

```
    <div>{{ todos.length }}</div>
    <!--todo-son 是 todo-list 的私有组件-->
    <todo-son></todo-son>
</template>
<template id="grandson">
    <div>
        <!--使用注入的数据-->
        {{ todoLength }}
    </div>
</template>
<div id="vmodel-post-demo">
    <!--父组件 Vue 实例传递数据 todos 给子组件 todo-list-->
    <todo-list :todos="todos"></todo-list>
</div>
<script src="js/vue.global.js"></script>
<script>
    const app = Vue.createApp({
        data() {
            return {
                todos: ['Feed a cat', 'Buy tickets']
            }
        },
        provide() {          //祖先组件 app 提供一个数据 todoLength
            return {
                todoLength: this.todos.length
            }
        }
    })
    app.component('todo-list', {
        props: ['todos'],
        components:{          //在父组件 todo-list 中定义子组件 todo-son
            'todo-son': {
                inject: ['todoLength'], //孙子组件注入数据 todoLength 供自己使用
                template: '#grandson'
            }
        },
        template: '#son'
    })
    app.mount('#vmodel-post-demo')
</script>
```

4.4　插　槽

一个网页有时由多个模块组成，例如：

```
<div class="container">
    <header>
        <!--我们希望把页头放这里-->
```

```
    </header>
    <main>
        <!--我们希望把主要内容放这里-->
    </main>
    <footer>
        <!--我们希望把页脚放这里-->
    </footer>
</div>
```

这时需要使用插槽混合父组件的内容与子组件的模板。那么插槽怎么使用呢？下面先来学习单插槽的使用。

4.4.1　单插槽 slot

在子组件模板中，可以使用单插槽 slot 设置默认渲染内容。下面通过实例进行讲解。

【例 4-10】使用单插槽 slot 设置子组件的默认渲染内容。

本例的代码如下：

```
<template id="child">
    <slot>
        <p>插槽内容，默认内容！</p>
    </slot>
</template>
<div id="app">
    <child-com>
        <!--如果这里没有渲染内容，将渲染插槽中的默认内容-->
        <p>有我在 slot 就不显示！</p>
    </child-com>
</div>
<script src="js/vue.global.js"></script>
<script>
    const app = Vue.createApp({})
    app.component('child-com', {
        template: '#child'
    })
    app.mount('#app')
</script>
```

4.4.2　多个具名插槽

使用多个具名插槽可以实现混合渲染父组件的内容与子组件的模板。下面通过一个实例讲解具名插槽的使用方法。

【例 4-11】使用具名插槽实现混合渲染。

本例的代码如下：

```
<template id="child">
    <div>
        <div>
            <slot name="header">标题</slot>
```

```
            </div>
            <div>
                <slot>默认正文内容</slot>
            </div>
            <div>
                <slot name="footer">底部信息</slot>
            </div>
        </div>
    </template>
    <div id="app">
        <child-com>
            <!--显示插槽 header 的默认内容-->
            <h1 slot="header"></h1>
            <p>正文内容由我显示</p>
            <h1 slot="footer"></h1>
        </child-com>
    </div>
    <script src="js/vue.global.js"></script>
    <script>
        const app = Vue.createApp({})
        app.component('child-com', {
            template: '#child'
        })
        app.mount('#app')
    </script>
```

例 4-11 的运行效果如图 4.9 所示。

图 4.9　例 4-11 的运行效果

4.4.3　作用域插槽

有时让插槽能够访问组件中的数据是很有用的。作用域插槽更具代表性的用例是列表组件。下面通过实例演示作用域插槽的用法。

【例 4-12】使用作用域插槽实现列表组件渲染。

本例的具体代码如下：

```
<template id="blog">
    <ul>
        <li v-for="post in posts">
            <!--要使 post 可为父组件 blog-post（slot 为子组件）提供的 slot 内容，
                可以添加一个<slot>元素并将 post 绑定为属性-->
            <slot :postgo="post"></slot>
        </li>
```

```
            </ul>
        </template>
        <div id="blog-post-demo">
            <blog-post>
                <!--绑定在<slot>元素上的属性post被称为插槽props。
                    可以使用带默认值的v-slot命令来定义这个插槽props的名字-->
                <!--显示插槽内容-->
                <template v-slot:default="slotProps">
                    {{ slotProps.postgo}}
                </template>
            </blog-post>
        </div>
        <script src="js/vue.global.js"></script>
        <script>
            const blogApp = Vue.createApp({})
            blogApp.component('blog-post', {
                data() {
                    return {
                        posts: [
                            { id: 1, title: 'My journey with Vue' },
                            { id: 2, title: 'Blogging with Vue' },
                            { id: 3, title: 'Why Vue is so fun' }
                        ]
                    }
                },
                template: '#blog'
            })
            blogApp.mount('#blog-post-demo')
        </script>
```

例4-12的运行效果如图4.10所示。

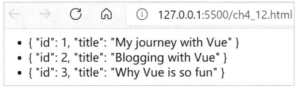

图4.10　例4-12的运行效果

扫一扫

视频讲解

4.5　动态组件与异步组件

　　组件间切换或异步加载是常见的应用场景。本节将介绍动态组件与异步组件的实现方法。

4.5.1　动态组件

　　在不同组件之间进行动态切换是非常常见的，例如在一个多标签的页面中进行内容的收

纳和展现。Vue 可通过<component>元素动态挂载不同的组件,进行组件切换。示例代码如下:

```
<!-- is 属性选择挂载的组件, currentView 是已注册组件的名称或一个组件的选项对象-->
<component :is="currentView"></component>
```

下面通过一个实例讲解动态组件的用法。

【例 4-13】通过<component>元素动态切换组件,在该实例中有 3 个按钮代表标签,单击不同按钮展示不同组件的信息。

本例的具体代码如下:

```
<div id="app">
    <button @click="changeCom('add')">添加信息</button> 
    <button @click="changeCom('update')">修改信息</button> 
    <button @click="changeCom('delete')">删除信息</button>
    <component :is="currentCom"></component>
</div>
<script src="js/vue.global.js"></script>
<script>
    const blogApp = Vue.createApp({
        data() {
            return {
                currentCom: 'add'
            }
        },
        components:{        //组件选项中定义了 3 个局部组件供切换
            'add': {
                template: '<div>添加信息展示界面</div>'
            },
            'update': {
                template: '<div>修改信息展示界面</div>'
            },
            'delete': {
                template: '<div>删除信息展示界面</div>'
            }
        },
        methods:{
            changeCom(com) {
                this.currentCom = com
            }
        }
    })
    blogApp.mount('#app')
</script>
```

例 4-13 的运行效果如图 4.11 所示。

图 4.11 例 4-13 的运行效果

4.5.2 异步组件

在大型应用中可能需要将应用分割成许多小的代码块，并且只在需要时才从服务器异步加载一个模块，这样可以避免一开始就把所有组件加载，浪费非必要的开销。Vue 有一个 defineAsyncComponent 方法将组件定义为一个工厂函数，动态地解析组件。Vue 只在组件需要渲染时触发工厂函数，并把结果缓存起来，以备再次渲染。下面通过一个实例讲解异步组件的用法。

【例 4-14】实现 5 秒钟后加载组件信息。

本例的具体代码如下：

```
<div id="app">
    <!--5 秒钟后才下载组件并展示-->
    <async-example></async-example>
</div>
<script src="js/vue.global.js"></script>
<script>
    const blogApp = Vue.createApp({})
    //定义异步组件
    const AsyncComp = Vue.defineAsyncComponent(() =>
    //定义 defineAsyncComponent 方法的返回值
        new Promise((resolve, reject) => {    //返回 Promise 的工厂函数
            window.setTimeout(() => {            //window.setTimeout 只是演示异步
resolve({      /*从服务器收到加载组件定义后，调用 Promise 的 resolve 方法异步下载组件，也可
以调用 reject(reason)指示加载失败*/
                template: '<div>5 秒钟后才展示我!</div>'
            })
        }, 5000)
    })
    )
    blogApp.component('async-example', AsyncComp)
    blogApp.mount('#app')
</script>
```

上述工厂函数返回 Promise 对象，当从服务器收到加载组件定义后，可以调用 Promise 的 resolve 方法异步下载组件，也可以调用 reject(reason) 指示加载失败。这里 window.setTimeout 只是演示异步，具体的异步下载逻辑可由开发者自己决定。

在这里只是简单演示一下异步组件的用法，在后续内容中将介绍打包编译工具 webpack 的用法，到时可以更优雅地实现异步组件（路由）。

4.6　使用 ref 获取 DOM 元素和引用组件 ✳

有时需要直接引用组件或 DOM 元素，为此可以使用 ref 为子组件或 HTML 元素指定引用 ID。

引用 HTML 元素的示例代码如下：

```
<input ref="input" />
```

引用组件的示例代码如下：

```
<input ref="usernameInput" />
```

下面通过一个实例讲解 ref 的用法。

【例 **4-15**】ref 的用法，要求页面加载后焦点聚焦在自定义组件上，运行效果如图 4.12 所示。

本例的具体代码如下：

```
<div id="app">
    <input type="text"/><br><br>
    <base-input></base-input><br><br>
    <input type="text"/>
</div>
<script src="js/vue.global.js"></script>
<script>
    const app = Vue.createApp({})
    app.component('base-input', {
        /*ref 引用子组件 usernameInput，也可以直接引用 HTML 元素（例如 input）*/
        template: '<input ref="usernameInput" />',
        //直接引用 HTML 元素 input
        //template: '<input ref="input" />',
        methods: {
            focusInput() {
                this.$refs.usernameInput.focus()
                //this.$refs.input.focus()
            }
        },
        mounted() {          //页面加载后调用该函数
            this.focusInput()
        },
        //如果前面直接引用 HTML 元素 input，去掉此处子组件的定义
        components: {
            'usernameInput':{
                template: ' <input type="text"/>'
            }
        }
    })
    app.mount('#app')
</script>
```

图 4.12　例 4-15 的运行效果

4.7 实战：正整数数字输入框组件 ※

本节将普通输入框扩展成正整数数字输入框，用来快捷地输入一个标准的数字，如图 4.13 所示。

```
10                          -  +
```

图 4.13　正整数数字输入框

其具体实现过程如下：

❶ 定义正整数数字输入框组件

在 ch4 的 js 目录中创建 input-num.js 文件，在 input-num.js 文件中定义正整数数字输入框组件 inputNumber，在该组件中定义 handleDown()、handleUp()和 handleChange()方法分别实现减一、加一和数值判断的功能。input-num.js 的具体代码如下：

```javascript
function isValueNumber (value){
    return (/^[1-9]\d*$/).test(value+'')
}
//定义正整数数字输入组件
const inputNumber = {
    //组件显示的内容
    template: '\
<div>\
    <input type="text" :value="currentValue" @change="handleChange">\
    <button @click="handleDown" :disabled="currentValue<=1">-</button>\
    <button @click="handleUp">+</button>\
</div>',
    data() {
        return {
            currentValue: 1
        }
    },
    methods: {
        handleDown() {
            if (this.currentValue <= 1)
                return
            this.currentValue -= 1
        },
        handleUp() {
            this.currentValue += 1
        },
        handleChange(event) {
            var val = event.target.value.trim()
            if(isValueNumber(val)) {
                this.currentValue = Number(val)
            } else {
```

```
            event.target.value = this.currentValue
                }
            }
        }
    }
```

❷ 引用正整数数字输入框组件

在 ch4 目录中创建 ch4_16.html 文件，在 ch4_16.html 文件中创建 Vue 实例 app，并引入正整数数字输入框组件 inputNumber。ch4_16.html 的具体代码如下：

```html
<head>
    <meta charset="utf-8">
    <title>数字输入框</title>
</head>
<body>
    <div id="app">
        <input-number></input-number>
    </div>
    <script src="js/vue.global.js"></script>
    <script src="js/input-num.js"></script>
    <script>
        const app = Vue.createApp({
            //引入数字输入框组件
            components: {
                'input-number': inputNumber
            }
        })
        app.mount('#app')
    </script>
</body>
```

本章小结

本章详细介绍了组件的定义、组件的注册、组件的通信、插槽以及动态组件与异步组件等内容。通过本章的学习，读者应能够自定义组件，并理解组件的实现原理。

习题 4

1. 在父组件中绑定 myData="[1,2,3,5]" 传递给子组件，在子组件中显示 myData.length 的值为（　　）。

A. 5　　　　　　　B. 3　　　　　　　C. 4　　　　　　　D. 9

2. 子组件可以通过（　　）属性声明使用父组件的变量。

A. data　　　　　　B. message　　　　C. parent　　　　D. props

3. 父组件可以作为其所有子组件的依赖项提供程序，而不管组件的层次结构有多深，父组件有一个（　　）选项来提供数据，子组件有一个（　　）选项来使用这个数据。

A. provide　inject　　B. set　get　　　C. push　get　　D. provide　props

4．具名插槽是通过给 slot 元素设置（　　）属性进行定义的。

A．v-slot B．slot-scope C．name D．data

5．如何注册组件？如何区分父子组件？你了解的组件传值有哪几种？它们是如何实现的？

6．在 4.7 节实战内容的基础上自定义一个奇偶数判定输入框组件，运行效果如图 4.14 所示。

10 _____ 10是偶数

图 4.14 奇偶数判定输入框

第 5 章 过渡与动画

学习目的与要求

本章主要讲解在 Vue 中如何实现过渡与动画效果，主要内容包括单元素/单组件过渡、多元素/多组件过渡和列表过渡。通过本章的学习，希望读者掌握过渡与动画的实现方式。

本章主要内容

❖ 单元素/单组件过渡
❖ 多元素/多组件过渡
❖ 列表过渡

在日常开发中，动画是必不可少的部分，不仅让元素直接切换显得更加自然，同时极大地增强了用户体验，因此 Vue 提供了非常强大的关于动画的支持。过渡动画的实现方式通常有以下 4 种：

（1）在 CSS 过渡和动画中自动应用 class。
（2）使用第三方 CSS 动画库，例如 animate.css。
（3）在过渡钩子函数中使用 JavaScript 直接操作 DOM。
（4）使用第三方 JavaScript 动画库，例如 gsap.js。

5.1　单元素/单组件过渡 ✳

Vue 在插入、更新或者移除 DOM 时提供了多种不同方式的过渡效果（一个淡入淡出的效果）。在条件渲染（使用 v-if）、条件展示（使用 v-show）、动态组件、组件根节点等情形中，可以给任何元素和组件添加进入/离开过渡。Vue 提供了内置的过渡封装组件<transition>，该组件用于包裹要实现过渡效果的组件。其具体语法如下：

```
<transition name = "过渡名称">
        <!--要实现过渡效果的组件-->
</transition>
```

当插入或删除包含在<transition>组件中的元素时，Vue 将会做以下处理：

（1）自动嗅探目标元素是否应用了 CSS 过渡或动画，如果是，则在恰当的时机添加/删除 CSS 类名。

（2）如果过渡组件提供了 JavaScript 钩子函数，这些钩子函数将在恰当的时机被调用。

（3）如果没有找到 JavaScript 钩子并且也没有检测到 CSS 过渡/动画，DOM 操作（插入/删除）在下一帧中立即执行。

5.1.1　过渡 class

过渡效果分为进入和离开两部分，在进入/离开的过渡中有 6 个 class 切换，具体如下：

❶ **v-enter-from**

v-enter-from 定义进入过渡的开始状态。其在元素被插入之前生效，在元素被插入之后的下一帧移除。

❷ **v-enter-active**

v-enter-active 定义进入过渡生效时的状态。其在整个进入过渡的阶段中应用，在元素被插入之前生效，在过渡/动画完成之后移除。这个类可以被用来定义进入过渡的过程时间、延迟和曲线函数。

❸ **v-enter-to**

v-enter-to 定义进入过渡的结束状态。其在元素被插入之后的下一帧生效（与此同时，v-enter-from 被移除），在过渡/动画完成之后移除。

❹ **v-leave-from**

v-leave-from 定义离开过渡的开始状态。其在离开过渡被触发时立刻生效，在下一帧被移除。

❺ **v-leave-active**

v-leave-active 定义离开过渡生效时的状态。其在整个离开过渡的阶段中应用，在离开过渡被触发时立刻生效，在过渡/动画完成之后移除。这个类可以被用来定义离开过渡的过程时间、延迟和曲线函数。

❻ **v-leave-to**

v-leave-to 定义过渡的结束状态。其在离开过渡被触发之后的下一帧生效（与此同时，v-leave-from 被删除），在过渡/动画完成之后移除。

"v-"是在<transition>过渡组件中没有使用 name 的情况下样式的前缀，如果使用 name，样式的前缀"v-"将变为 name 的值。

下面通过一个实例讲解过渡封装组件<transition>的用法。

【例 5-1】过渡封装组件<transition>的用法，运行效果如图 5.1 所示。

图 5.1　例 5-1 的运行效果

本例的具体代码如下：

```html
<div id="app">
    <button @click="show = !show">点我，我就渐渐地离开、渐渐地来。</button>
    <transition name="fade">
        <p v-show="show" :style="styleobj">动画实例</p>
    </transition>
</div>
<script src="js/vue.global.js"></script>
<script>
    const app = Vue.createApp({
        data() {
            return {
                show: true,
                styleobj: {
                    fontSize: '30px',
                    color: 'red'
                }
            }
        }
    })
    app.mount('#app')
</script>
<style>
    .fade-enter-active,
    .fade-leave-active {
        transition: opacity 2s ease;
    }
    .fade-enter-from,
    .fade-leave-to {
        opacity: 0;
    }
</style>
```

5.1.2　CSS 过渡

常用的过渡一般都是 CSS 过渡。CSS 过渡，顾名思义就是使用过渡 class 定义 CSS 实现过渡效果。下面通过一个实例演示 CSS 过渡的用法。

【例5-2】使用过渡 class 定义图片的进入和离开动画效果，运行效果如图 5.2 所示。

图 5.2 例 5-2 的运行效果

本例的具体代码如下：

```html
<div id="app">
    <button @click="show = !show">
        切换显示图片
    </button>
    <transition name="slide-img">
        <p v-if="show">
            <img src="99.jpg"/>
        </p>
    </transition>
</div>
<script src="js/vue.global.js"></script>
<script>
    const app = Vue.createApp({
        data() {
            return {
                show: true
            }
        }
    })
    app.mount('#app')
</script>
<style>
    .slide-img-enter-active {
        transition: all 0.8s ease-out;
    }
    .slide-img-leave-active {
        transition: all 0.8s cubic-bezier(1, 0.5, 0.8, 1);
    }
    .slide-img-enter-from,
    .slide-img-leave-to {
        transform: rotateX(45deg);
        transform: rotateY(45deg);
        transform: rotateZ(45deg);
        transform: rotate3d(1, 1, 1, 45deg);
        opacity: 0;
    }
</style>
```

5.1.3　CSS 动画

CSS 动画与 CSS 过渡的用法相同，区别是在动画中 v-enter 类名在节点插入 DOM 后不会立即被删除，而是在 animationend（动画结束）事件触发时删除。下面通过一个实例演示 CSS 动画的用法。

【例 5-3】使用@keyframes 定义图片的动画规则，运行效果如图 5.3 所示。

图 5.3　例 5-3 的运行效果

本例的具体代码如下：

```
<div id="app">
    <button @click="show = !show">
        切换图片动画
    </button>
    <transition name="bounce-img">
        <p v-if="show">
            <img src="99.jpg" />
        </p>
    </transition>
</div>
<script src="js/vue.global.js"></script>
<script>
    const app = Vue.createApp({
        data() {
            return {
                show: true
            }
        }
    })
    app.mount('#app')
</script>
<style>
    .bounce-img-enter-active {
        animation: bounce-in 0.8s;
    }
    .bounce-img-leave-active {
        animation: bounce-in 0.8s reverse;
    }
    @keyframes bounce-in {
        0% {
```

```
            transform: scale(0);
        }
        50% {
            transform: scale(1.25);
        }
        100% {
            transform: scale(1);
        }
    }
</style>
```

5.1.4　同时使用过渡和动画

在一些应用场景中需要给一个元素同时设置过渡和动画，例如 animation 很快地被触发并完成，而 transition 效果还没结束，这时需要使用 type 属性并设置 animation 或 transition 值来明确声明需要 Vue 监听的类型。

在<transition>组件的 duration prop 上可显性定义过渡持续时间（以毫秒计），例如定义进入和移出的持续时间：<transition :duration="{ enter:1000, leave: 2000 }">…</transition>；还可以通过 appear 属性设置 DOM 节点在初始渲染的过渡（页面加载的初次过渡动画）：<transition appear>…</transition>。

下面通过一个实例讲解如何同时使用过渡和动画。

【例 5-4】使用第三方 CSS 动画库 animate.css 设置页面初始动画，同时使用 CSS 设置组件的过渡效果。

本例的具体代码如下：

```
<head>
    <!--使用第三方动画库-->
    <link rel="stylesheet" type="text/css" href="https://cdn.bootcss.com/
animate.css/3.7.2/animate.min.css">
</head>
<!--使用 type='transition'以 transition 过渡时长为准，即 fade-enter-active 和
fade-leave-active 定义的时长，或者绑定属性:duration="{enter:5000,leave:5000}
"自定义时长，type='transition'与:duration="{enter:5000,leave:5000}"两者二选一；
使用 animate.css 必须使用 Vue 的 enter-active-class 和 leave-active-class，后
面紧跟 animated 类名和想使用的动画名称；appear、appear-active-class 实现页面加载
的初次动画（初始渲染过渡）-->
<div id="app">
    <transition name='fade' appear :duration="{enter:5000,leave:5000}"
    enter-active-class='animated swing fade-enter-active'
    leave-active-class='animated shake fade-leave-active'
    appear-active-class='animated swing'
  >
        <div v-if='show'>hello world</div>
    </transition>
    <button @click="handleClick">切换显示</button>
</div>
<script src="js/vue.global.js"></script>
<script>
    const app = Vue.createApp({
```

```
        data() {
            return {
                show: true
            }
        },
        methods: {
            handleClick() {
                this.show = !this.show
            }
        }
    })
    app.mount('#app')
</script>
<style type="text/css">
    .fade-enter,
    .fade-leave-to {
        opacity: 0;
    }
    .fade-enter-active,
    .fade-leave-active {
        transition: opacity 5s;
    }
    div {
        font-size: 40px;
        margin: 50px auto;
    }
</style>
```

5.1.5 JavaScript 钩子方法

用户可以在<transition>组件的属性中声明 JavaScript 钩子方法实现过渡和动画, 例如:

```
<transition
@before-enter="beforeEnter"
@enter="enter"
@after-enter="afterEnter"
@enter-cancelled="enterCancelled"
@before-leave="beforeLeave"
@leave="leave"
@after-leave="afterLeave"
@leave-cancelled="leaveCancelled"
:css="false"
>
    <!-- … -->
</transition>
// …
methods: {
    // …
    //入场方法
    beforeEnter(el) {
        // …
    },
    //当与 CSS 结合使用时
```

```
        //回调函数 done 是可选的
        enter(el, done) {
            // …
            done()
        },
        afterEnter(el) {
            // …
        },
        enterCancelled(el) {
            // …
        },
        // …
        //离场方法
        // …
        beforeLeave(el) {
            // …
        },
        //当与 CSS 结合使用时
        //回调函数 done 是可选的
        leave(el, done) {
            // …
            done()
        },
        afterLeave(el) {
            // …
        },
        // leaveCancelled 只用于 v-show 中
        leaveCancelled(el) {
            // …
        }
}
```

上述钩子方法可以结合 CSS 过渡/动画使用，也可以单独使用。当只用 JavaScript 过渡时，在 enter 和 leave 方法中必须使用 done 进行回调，否则它们将被同步调用，过渡会立即完成。添加 :css="false"，也可以让 Vue 跳过 CSS 的检测，除了性能略高之外，可以避免过渡过程中 CSS 规则的影响。

下面通过一个实例讲解如何使用 JavaScript 钩子方法实现过渡和动画。

【例 5-5】使用 JavaScript 钩子方法实现添加到购物车的动画效果，运行效果如图 5.4 所示。

本例的具体代码如下：

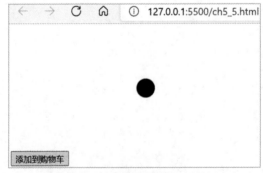

图 5.4　添加到购物车的动画效果

```
<div id="app">
    <button @click="show = !show" class="btn">
        添加到购物车
    </button>
    <transition @before-enter="beforeEnter" @enter="enter" @after-enter=
      "afterEnter">
        <div v-if="show" class="ball"></div>
    </transition>
</div>
<script src="js/vue.global.js"></script>
<script>
    const app = Vue.createApp({
        data() {
            return {
                show: false
            }
        },
        methods: {
            //el 表示将要执行动画的 DOM 元素，beforeEnter 表示动画开始前
            beforeEnter(el) {
                //设置元素动画开始前的起始位置
                el.style.transform = "translate(0, 0)"
            },
            enter(el, done) {
                //返回元素的宽度，强制动画刷新
                el.offsetWidth
                //设置元素动画开始之后的样式，设置完成之后的状态
                el.style.transform = "translate(200px, -200px)"
                el.style.transition = "all 3s cubic-bezier(0, 0.54, 0.55, 1.18)"
                //done 这里代表 afterEnter 方法的引用
                done()
            },
            afterEnter(el) {
                //动画完成后调用该方法
                this.show = !this.show
            }
        }
    })
    app.mount('#app')
</script>
<style>
    .ball {
        width: 30px;
        height: 30px;
        border-radius: 50%;
        background-color: green;
        position: absolute;
        z-index: 99;
        top: 200px;
        left: 100px;
    }
    .btn {
```

```
        position: absolute;
        top: 200px;
    }
</style>
```

5.2　多元素/多组件过渡

5.2.1　多元素过渡

对于原生元素可以使用 v-if/v-else 实现多元素过渡。最常见的多元素过渡是一个列表和描述这个列表为空消息的元素：

```
<transition>
    <table v-if="items.length > 0">
    <!-- ... -->
    </table>
    <p v-else>没有列表内容</p>
</transition>
```

实际上，通过使用多个 v-if 或将单个元素绑定到一个动态属性上，可以在任意数量的元素之间进行过渡。下面通过一个实例讲解多元素间过渡的方法。

【例 5-6】多按钮间的过渡，运行效果如图 5.5 所示。

本例的具体代码如下：

图 5.5　多按钮间的过渡

```
<div id="app">
    <button @click="handleClick('saved')">
        显示 Edit
    </button>  
    <button @click="handleClick('edited')">
        显示 Save
    </button>  
    <button @click="handleClick('editing')">
        显示 Cancel
    </button>
    <br><br>
    <transition name="fade" mode="out-in">
        <!--这里使用 key 让 Vue 区分相同标签名元素，触发过渡-->
        <button :key="docState">
            {{ buttonMessage }}
        </button>
```

```
        </transition>
    </div>
    <script src="js/vue.global.js"></script>
    <script>
        const app = Vue.createApp({
            data() {
                return {
                    docState: "
                }
            },
            methods: {
                handleClick(myVal) {
                    this.docState = myVal
                }
            },
            computed: {
                buttonMessage() {
                    switch(this.docState) {
                        case 'saved': return 'Edit'
                        case 'edited': return 'Save'
                        case 'editing': return 'Cancel'
                        default: return '初始按钮'
                    }
                }
            }
        })
        app.mount('#app')
    </script>
    <style type="text/css">
        .fade-enter-from,
        .fade-leave-to {
            opacity: 0;
        }
        .fade-enter-active,
        .fade-leave-active {
            transition: opacity 5s ease;
        }
    </style>
```

<transition>的默认行为是进入和离开同时发生，但这种行为有时不能满足所有要求，所以 Vue 提供了过渡模式，形如<transition name="xxx" mode="out-in">。

out-in 表示当前元素先进行过渡，完成之后新元素过渡进入。此模式是大多数场景需要的状态。如果是 in-out，则表示新元素先进行过渡，完成之后当前元素过渡离开。

5.2.2 多组件过渡

用户可以使用多组件过渡将多个组件包装成动态组件的效果。下面通过一个实例讲解多组件过渡的使用。

【例 5-7】设计一个类似于选项卡的页面，单击"多组件过渡按钮"将"登录子组件"和"注册子组件"进行切换，运行效果如图 5.6 所示。

本例的具体代码如下：

多组件过渡按钮

注册子组件

图5.6　多组件间过渡

```html
<div id="app">
    <button @click="show">多组件过渡按钮</button>
    <transition name="check" mode="out-in">
        <!-- is 表示用来展示的 template 组件，mode 表示组件切换的模式，name 表示过渡的
前缀，component 占位符表示展示的组件-->
        <component :is="view"></component>
    </transition>
</div>
<!--登录子组件-->
<template id="login">
    <div>
        <h1>登录子组件</h1>
    </div>
</template>
<!--注册子组件-->
<template id="register">
    <div>
        <h1>注册子组件</h1>
    </div>
</template>
<script src="js/vue.global.js"></script>
<script>
    const app = Vue.createApp({
        data() {
            return {
                view: 'login'
            }
        },
        methods: {
            show: function () {
                if (this.view == "login") {
                    this.view = "register"
                } else {
                    this.view = "login"
                }
            }
        },
        components: {
            login: {
                template: "#login"
            },
```

```
            register: {
                template: "#register"
            }
        }
    })
    app.mount('#app')
</script>
<style type="text/css">
    .check-enter-from,
    .check-leave-to {
        opacity: 0;
    }
    .check-enter-active,
    .check-leave-active {
        transition: opacity 5s ease;
    }
</style>
```

5.3 列表过渡

前面学习了如何进行单元素/单组件过渡（单节点）和多元素/多组件过渡（同一时间渲染多个节点中的一个），但对于列表元素，如何进行过渡呢？使用<transition-group>组件即可。<transition-group>组件具有以下几个特点：

（1）不同于<transition>组件，它默认以<span>元素渲染。

（2）过渡模式不可用，因为不再相互切换特有的元素。

（3）内部元素需要提供唯一的 key 属性值。

（4）CSS 过渡类将会应用在组件内部的元素中，而不是组件本身。

5.3.1 列表的普通过渡

下面通过一个添加和移除列表项的例子讲解列表的普通过渡（进入/离开过渡）。

【例 5-8】随机添加和移除列表项。

本例的具体代码如下：

```
<div id="list-demo" class="demo">
    <button @click="add">添加元素</button> 
    <button @click="remove">移除元素</button>
    <transition-group name="list" tag="p">
        <span v-for="item in items" :key="item" class="list-item">{{item}}
        </span>
    </transition-group>
</div>
<script src="js/vue.global.js"></script>
<script>
    const app = Vue.createApp({
        data() {
            return {
```

```
                items: [1, 2, 3, 4, 5, 6, 7, 8, 9],
                nextNum: 10
            }
        },
        methods: {
            randomIndex() {
                return Math.floor(Math.random() * this.items.length)
            },
            add() {
                this.items.splice(this.randomIndex(), 0, this.nextNum++)
            },
            remove() {
                this.items.splice(this.randomIndex(), 1)
            }
        }
    })
    app.mount('#list-demo')
</script>
<style>
    .list-item {
        display: inline-block;
        margin-right: 10px;
    }
    .list-enter-active,
    .list-leave-active {
        transition: all 3s;
    }
    .list-enter,
    .list-leave-to {
        opacity: 0;
        transform: translateY(30px);
    }
</style>
```

5.3.2　列表的平滑过渡

在例 5-8 中，当添加和移除元素时，周围元素将瞬间移动到它们的新布局位置，而不是平滑过渡。

<transition-group>组件不仅可以进入和离开列表过渡，还可以通过 v-move 特性改变定位，进行平滑过渡。v-move 特性像之前的类名一样，可以通过 name 属性来自定义前缀。

【例 5-9】列表的平滑过渡，在例 5-8 的基础上做如下改进：①增加.list-move 样式，使元素在进入时实现过渡效果；②在.list-leave-active 中设置绝对定位，使元素在离开时实现过渡效果。

本例的具体代码如下：

```
<style>
    .list-item {
        display: inline-block;
        margin-right: 10px;
    }
```

```
    .list-move,
    .list-enter-active,
    .list-leave-active {
        transition: 3s;
    }
    .list-leave-active {
        position: absolute;
    }
    .list-enter,
    .list-leave-to {
        opacity: 0;
        transform: translateY(30px);
    }
</style>
```

5.3.3　列表的变换过渡

下面利用 move 属性进行列表的变换过渡，即一个列表中的列表项既不增加也不减少，只是不断地变换其位置。

【例5-10】列表的变换过渡，运行效果如图 5.7 所示。

本例的具体代码如下：

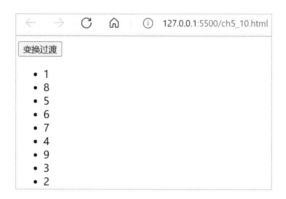

图 5.7　列表的变换过渡

```
<div id="list-demo" class="demo">
    <button @click="shuffle">变换过渡</button>
    <transition-group name="list" tag="ul">
        <li v-for="item in items" :key="item">{{item}}</li>
    </transition-group>
</div>
<script src="js/vue.global.js"></script>
<script>
    const app = Vue.createApp({
        data() {
            return {
                items: [1, 2, 3, 4, 5, 6, 7, 8, 9],
                nextNum: 10
            }
        },
        methods: {
```

```
        shuffle() {
            this.items = this.items.sort(() => { return Math.random() - 0.5; })
        }
    }
})
    app.mount('#list-demo')
</script>
<style>
    .list-move {
        transition: transform 3s;
    }
</style>
```

例5-10的运行效果看起来很神奇，Vue使用了一个名叫FLIP的简单动画队列的内部实现，transform将元素从之前位置平滑过渡到新位置。

需要注意的是，使用FLIP过渡的元素不能设置为display: inline。作为替代方案，可以设置为display: inline-block。

5.3.4 多维列表的过渡

FLIP动画不仅可以实现单列表的过渡，还可以实现多维列表的过渡。

【例5-11】多维列表的过渡，运行效果如图5.8所示。

本例的具体代码如下：

图 5.8　多维列表的过渡

```
<div id="list-demo" class="demo">
    <button @click="shuffle">多维列表变换</button>
    <transition-group name="cell" tag="div" class="container">
        <span v-for="cell in cells" :key="cell.id" class="cell">{{ cell.number }}
            </span>
    </transition-group>
</div>
<script src="js/vue.global.js"></script>
<script>
```

```
const app = Vue.createApp({
    data() {
        return {
            cells: Array.apply(null, { length: 81 })
                .map(function (_, index) {
                    return {
                        id: index,
                        number: index % 9 + 1
                    }
                })
        }
    },
    methods: {
        shuffle() {
            this.cells=this.cells.sort(()=>{returnMath.random()-0.5;})
        }
    }
})
app.mount('#list-demo')
</script>
<style>
    .container {
        width: 270px;
        margin-top: 10px;
        line-height: 30px;
        text-align: center;
    }
    .cell {
        display: inline-block;
        width: 30px;
        height: 30px;
        outline: 1px solid #aaa;
    }
    .cell-move {
        transition: 3s;
    }
</style>
```

本 章 小 结

本章介绍了 Vue 的过渡与动画，主要用到 transition 组件，该组件一般搭配 v-if、v-show、动态组件、组件根节点来使用。在对列表进行过渡渲染时不能再使用 transition，而必须使用 transition-group 组件包裹。如果需要实现列表进入时的动画，给 transition-group 添加 appear 属性即可。

在 Vue 中元素过渡的流程是首先将要过渡的元素放入 transition 组件中，可以写多个 transition 组件，如果没有定义名称，在写 6 个 class 时，v-开头的 class 可以控制所有过渡，如果给了名称，那么只能控制与名称对应的过渡；然后通过 Vue 实现对 transition 中元素的插入或删除操作；最后在对应的 6 个 class 中写 CSS 代码，实现插入或删除完成前的过渡效果。

习 题 5

1. 可以使用 Vue 提供的内置过渡封装组件（　　）实现单元素/单组件过渡。

A．<transition></transition>

B．

C．

D．

2. 可以使用 Vue 提供的内置过渡封装组件（　　）实现列表元素过渡。

A．<transition></transition>

B．

C．

D．

3. 可以通过（　　）属性设置 DOM 节点在初始渲染时的过渡。

A．appear　　　　　　B．mode　　　　　　C．move　　　　　　D．style

4. 下列选项中定义过渡结束状态的类名是（　　）。

A．v-leave-end　　　　B．v-leave-to　　　　C．v-leave　　　　D．v-leave-active

5. 下列选项中定义进入过渡开始状态的类名是（　　）。

A．v-enter-from　　　　B．v-enter-begin　　　　C．v-enter　　　　D．v-enter-active

6. 下列选项中定义进入过渡生效状态的类名是（　　）。

A．v-enter-from　　　　B．v-enter-begin　　　　C．v-enter　　　　D．v-enter-active

7. 当通过 Vue 实现元素的插入、更新、移除、隐藏时，在这些操作正式执行之前，Vue 提供了 6 个 class 用于实现过渡的效果，其中每个 class 代表了 DOM 在正式插入、更新、移除、隐藏前的不同过渡时刻。请写出 6 个 class 的名称，并给出每个 class 的定义。

第6章 自定义指令

学习目的与要求

本章主要讲解自定义指令的注册机制。通过本章的学习，希望读者掌握自定义指令的使用方法，理解自定义指令的实现原理。

本章主要内容

❖ 自定义指令的注册

❖ 实时时间转换指令

Vue 为用户提供了功能丰富的内置指令，例如 v-model、v-show 等。这些内置指令可以满足大部分业务需求，但有时用户需要一些特殊功能，例如对普通 DOM 元素进行底层操作。幸运的是，Vue 允许用户自定义指令，实现特殊功能。

6.1 自定义指令的注册

与组件类似，自定义指令的注册也分为全局注册和局部注册，例如注册一个名为 v-focus 的指令，用于在输入元素（<input>和<textarea>）初始化时自动获得焦点，两种注册的示例代码如下：

```
const app = Vue.createApp({})
//注册一个全局自定义指令 v-focus
app.directive('focus', {
    //指令选项
})
//注册一个局部自定义指令 v-focus
const app = Vue.createApp({
    directives: {
        focus: {
            //指令选项
        }
    }
}
```

一个自定义指令的选项通常由以下几个钩子函数（均为可选）组成。

❶ beforeMount

该函数只调用一次，当指令第一次绑定到元素时调用，并进行初始化设置。

❷ mounted

该函数在挂载绑定元素的父组件时调用。

❸ beforeUpdate

该函数在元素本身更新前调用。

❹ updated

该函数在元素本身更新后调用。

❺ beforeUnmount

该函数在卸载绑定元素的父组件前调用。

❻ unmounted

该函数只调用一次，在指令与元素解除绑定时调用。

用户可以根据业务需求在不同的钩子函数中完成业务逻辑代码，例如下面的实例。

【例 6-1】自定义名为 v-focus 的指令，用于在输入元素<input>（挂载绑定父组件调用 mounted 函数）初始化时自动获得焦点。

本例的具体代码如下：

```
<div id="app">
    <input v-focus type="text" />
</div>
<script src="js/vue.global.js"></script>
<script>
    const app = Vue.createApp({})
```

```
//自定义指令focus，在模板中使用v-focus
app.directive('focus', {
    mounted(el) {
        el.focus()
    }
})
app.mount('#app')
</script>
```

在例 6-1 中，el 为钩子函数的参数，除了 el 参数以外，钩子函数还有 binding、vnode 和 prevNode 参数，它们的具体含义如下。

（1）el：指令所绑定的元素，可以用来直接操作 DOM。

（2）binding：一个对象，包含以下常用属性。

① value：指令的绑定值，例如在 v-my-directive= "1 + 1"中绑定值为 2。

② oldValue：指令绑定的前一个值，仅在 updated 钩子函数中可用，并且无论值是否改变都可用。

③ arg：传给指令的参数，可选，例如在 v-my-directive:foo 中参数为"foo"。

④ modifiers：一个包含修饰符的对象，例如在 v-my-directive.foo.bar 中修饰符对象为 { foo: true, bar: true }。

（3）vnode：Vue 编译生成的虚拟节点。

（4）prevNode：上一个虚拟节点，仅在 updated 钩子函数中可用。

下面通过一个实例讲解以上参数的用法。

【例 6-2】自定义一个名为 demo 的指令，并演示钩子函数的参数用法。

本例的具体代码如下：

```
<div id="app">
    <!--msg是传给指令的参数，a.b是一个包含修饰符的对象-->
    <span v-demo:msg.a.b="message"></span>
</div>
<script src="js/vue.global.js"></script>
<script>
    const app = Vue.createApp({
        data() {
            return {
                message: 'hello!'
            }
        }
    })
    app.directive('demo', {
        beforeMount(el, binding, vnode) {
            //测试binding的属性
            //alert(Object.keys(binding))
            const keys = []
            for (const i in vnode) {
                keys.push(i)
            }
            el.innerHTML =
                'value: ' + binding.value + '<br>' +
                'argument: ' + binding.arg + '<br>' +
                'modifiers: ' + JSON.stringify(binding.modifiers) + '<br>' +
```

```
                'vnode keys: ' + keys.join(', ')
        }
    })
    app.mount('#app')
</script>
```

例 6-2 的运行效果如图 6.1 所示。

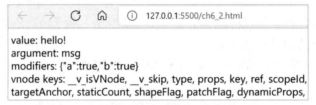

图 6.1　例 6-2 的运行效果

6.2　实战：实时时间转换指令

通常，人们发布的朋友圈会有一个相对本机时间转换后的时间，如图 6.2 中方框内的时间。

图 6.2　某朋友圈发文

为显示实时性，在一些社交类软件中经常将 UNIX 时间戳转换为可读的时间格式，例如几分钟前、几小时前、几天前等不同的格式。本实战将实现这样一个自定义指令 v-time，该指令将传入的时间戳实时转换为需要的时间格式。其具体实现步骤如下：

（1）为统一使用时间戳进行逻辑判断，在编写指令 v-time 前事先编写一系列与时间相关的函数，将这些函数封装在 Time 对象中。time.js 的代码如下：

```
var Time = {
    //获得当前时间戳
    getUnix: function() {
        var date = new Date();
        return date.getTime();
    },
    //获得今天 0 点 0 分 0 秒的时间戳
    getTodayUnix: function() {
        var date = new Date();
        date.setHours(0);
        date.setMinutes(0);
```

```
            date.setSeconds(0);
            date.setMilliseconds(0);
            return date.getTime();
        },
        //获取标准年月日
        getNormalDate: function(time) {
            var date = new Date(time);
            var month = date.getMonth() + 1;
            var monthFormate = month < 10 ? ('0' + month) : month;
            var day = date.getDate() < 10 ? ('0' + date.getDate()) : date.getDate();
            return date.getFullYear() + '-' + monthFormate + '-' + day;
    },
    //自定义指令需要调用的函数，参数为毫秒级时间戳
        getFormatTime: function(timeStamp) {
            //获得当前时间戳
            var now = this.getUnix();
            //获得今天 0 点 0 分 0 秒的时间戳
            var today = this.getTodayUnix();
            //转换秒级时间
            var timer = (now - timeStamp) / 1000;
            var timeFormat = '';
            if (timer <= 0) {
                timeFormat = '刚刚';
            } else if (Math.floor(timer / 60) <= 0) { //一分钟以前显示刚刚
                timeFormat = '刚刚';
            } else if (timer < 3600) {                  //一分钟~一小时显示 XX 分钟前
                timeFormat = Math.floor(timer / 60) + '分钟前';
            } else if (timer >= 3600 && (timeStamp - today) >= 0) {
                                                //一小时~一天显示 XX 小时前
                timeFormat = Math.floor(timer / 3600) + '小时前';
            } else if (timer / 86400 <= 31) {           //一天~一个月显示 XX 天前
                timeFormat = Math.ceil(timer / 86400) + '天前';
            } else {                                    //大于一个月显示 XX 年 XX 月 XX 日
                timeFormat = this.getNormalDate(timeStamp);
            }
            return timeFormat;
        }
    }
}
```

（2）在 HTML 文件 ch6_3.html 中注册一个全局指令 v-time。在 v-time 的钩子函数 beforeMount 中将指令表达式的值 binding.value 作为参数传入 Time.getFormatTime()方法得到格式化时间，再通过 el.innerHTML 写入指令元素，并且每分钟触发一次定时器 el.timeout 更新时间，同时在 v-time 的钩子函数 unmounted 中清除定时器。ch6_3.html 的具体代码如下：

```
<div id="app">
    <div v-time="nowTime"></div>
    <div v-time="beforeTime"></div>
</div>
<script src="js/vue.global.js"></script>
<script src="js/time.js"></script>
<script>
    const app = Vue.createApp({
        data() {
```

```
            return {
                //nowTime 是目前的时间
                nowTime: (new Date()).getTime(),
                //beforeTime 是 2021-08-08（固定时间）
                beforeTime: 1628407242588
            }
        }
    })
    app.directive('time', {
        //绑定一次性事件等初始化操作
        beforeMount(el, binding) {
            el.innerHTML = Time.getFormatTime(binding.value)
            //定时器一分钟更新一次
            el.timeout = setInterval(function() {
                el.innerHTML = Time.getFormatTime(binding.value)
            }, 60000)
        },
        //解除相关绑定
        unmounted(el) {
            clearInterval(el.timeout)
            delete  el.timeout
        }
    })
    app.mount('#app')
</script>
```

本章小结

　　在编写自定义指令时,建议使用 beforeMount 钩子函数给 DOM 绑定一次性初始事件。同时使用 unmounted 钩子函数解除相关绑定。

　　在自定义指令中理论上可以任意操作 DOM,但这不是 Vue.js 的初衷,所以对于过多的 DOM 操作,建议使用组件。

习　题　6

　　1. 简述自定义指令的注册方法。

　　2. 开发一个自定义指令 v-birthdayformat,接收一个出生日期（YYYY-MM-DD）,将其转换为具体年龄,比如 8 岁 8 个月 8 天,运行效果如图 6.3 所示。

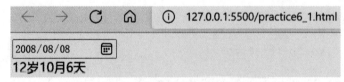

图 6.3　年龄计算自定义指令

第 **7** 章 渲染函数

学习目的与要求

本章主要讲解渲染函数的基本原理与用法。通过本章的学习，希望读者掌握渲染函数的用法，理解渲染函数的原理。

本章主要内容

- ❖ DOM 树
- ❖ 渲染函数
- ❖ h( )函数

Vue 推荐使用模板来创建 HTML，但在编译时都会解析为虚拟 DOM（Virtual DOM）。本章将学习用于实现虚拟 DOM 的渲染函数 render 的用法。

7.1　DOM 树

在深入学习渲染函数之前，了解浏览器的工作原理是很有必要的。以下面的代码段为例：

```
<div>
    <h1>标题 1</h1>
    好好学习，努力拼搏！
    <!--注释内容-->
</div>
```

当浏览器读到 HTML 代码时将建立一个 DOM 节点树。上述 HTML 代码段对应的 DOM 节点树如图 7.1 所示。

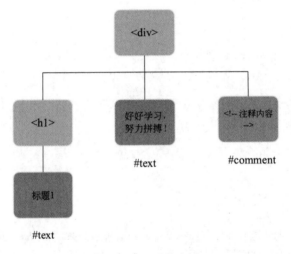

图 7.1　DOM 节点树

在 DOM 节点树中，每个元素都是一个节点，每段文字也是一个节点，甚至连注释也是节点。每个节点都是页面的一部分，但高效地更新所有节点是比较困难的，不过用户不必手动完成这项工作，只需要告诉 Vue 页面上的 HTML 渲染的是什么即可。

Vue 通过建立一个虚拟 DOM 树来追踪自己如何更新真实 DOM 树。在虚拟 DOM 树中有虚拟节点（Virtual Node），也常简写为 VNode。这些 VNode 将告诉 Vue 页面上需要渲染什么样的节点，包括其子节点的描述信息。"虚拟 DOM 树"是对由 Vue 组件树建立起来的整个 VNode 树的称呼。Vue 通过渲染函数 render 实现虚拟 DOM 树。下面介绍渲染函数是什么，以及如何使用渲染函数。

7.2　什么是渲染函数

在大多数情况下 Vue 推荐使用模板（template）来创建 HTML，然而在一些应用场景中需要使用 JavaScript 来创建 HTML。这时可以使用渲染函数，使用它比使用模板更方便。

下面看一个应用场景——根据不同等级的锚点显示不同的标题。

【例7-1】根据不同等级的锚点显示不同的标题。

本例的具体代码如下：

```
<div id="app">
    <anchored-heading :level="1" title="锚点1">Hello world111! </anchored-
     heading>
    <anchored-heading :level="2" title="锚点2">Hello world222!</anchored-
     heading>
    <anchored-heading :level="3" title="锚点3">Hello world333!</anchored-
     heading>
    <anchored-heading :level="4" title="锚点4">Hello world444!</anchored-
     heading>
    <anchored-heading :level="5" title="锚点5">Hello world555!</anchored-
     heading>
</div>
<template id="myanchored">
    <h1 v-if="level === 1">
        <a :href="'#' + title">
            <slot></slot>
        </a>
    </h1>
    <h2 v-else-if="level === 2">
        <a :href="'#' + title">
            <slot></slot>
        </a>
    </h2>
    <h3 v-else-if="level === 3">
        <a :href="'#' + title">
            <slot></slot>
        </a>
    </h3>
    <h4 v-else-if="level === 4">
        <a :href="'#' + title">
            <slot></slot>
        </a>
    </h4>
    <h5 v-else-if="level === 5">
        <a :href="'#' + title">
            <slot></slot>
        </a>
    </h5>
</template>
<script src="js/vue.global.js"></script>
<script>
    const app = Vue.createApp({})
    app.component('anchored-heading', {
        template: '#myanchored',
        props: {
            level: {
                type: Number,
                required: true
            },
```

```
            title: {
                type: String
            }
        }
    })
    app.mount('#app')
</script>
```

上述代码没有任何问题，但是缺点非常明显，即代码冗长、重复率高。下面使用渲染函数 render 进行改写，改写后的代码显得格外精简。

【例 7-2】使用渲染函数 render 改写例 7-1。

本例的具体代码如下：

```
<div id="app">
    <anchored-heading :level="1" title="锚点 1">Hello world111!</anchored-
      heading>
    <anchored-heading :level="2" title="锚点 2">Hello world222!</anchored-
      heading>
    <anchored-heading :level="3" title="锚点 3">Hello world333!</anchored-
      heading>
    <anchored-heading :level="4" title="锚点 4">Hello world444!</anchored-
      heading>
    <anchored-heading :level="5" title="锚点 5">Hello world555!</anchored-
      heading>
</div>
<script src="js/vue.global.js"></script>
<script>
    const app = Vue.createApp({})
    app.component('anchored-heading', {
        render() {
            return Vue.h('h' + this.level,          //tag 参数
                [                                    //children 参数
                    Vue.h(
                        'a',                         //tag 参数
                        {                            //props 参数
                            href: '#' + this.title
                        },
                        this.$slots.default()        //children 参数
                    )
                ]
            )
        },
        props: {
            level: {
                type: Number,
                required: true
            },
            title: {
                type: String
            }
        }
    })
    app.mount('#app')
</script>
```

从上述代码可以看出，render 函数通过 Vue 的 h( )函数来创建虚拟 DOM，代码精简了很多。下面学习 Vue 的 h( )函数的用法。

7.3　h( )函数

扫一扫

视频讲解

h( )函数是一个用于创建虚拟节点（VNode）的程序，也可以更准确地将其命名为 createVNode( )。

7.3.1　基本参数

h( )函数有以下 3 个参数：

❶ tag

tag 代表一个 HTML 标签（String）、一个组件（Object）、一个函数（Function）或者 null。使用 null 将渲染一个注释。这是一个必选参数。例如，例 7-2 中的'a'。

❷ props

props 是一个与 attribute、prop 和事件相对应的数据对象（Object），用于向创建的节点对象设置属性值，通常在模板中使用。这是一个可选参数。例如，例 7-2 中的{href: '#' + this.title}。

❸ children

children 是子 VNode，使用 h( )函数构建，或使用字符串获取"文本 VNode"（String|Array）或者有 slot 的对象（Object）。这是一个可选参数。例如，例 7-2 中的代码：

```
[//children
    Vue.h(
        'a',                            //tag
        {                               //props
            href: '#' + this.title
        },
        this.$slots.default()           //children
    )
]
```

对于大部分开发者来说，不会真正接触到 render 函数，因为在开发时使用的基本上是.vue 文件的开发模式，vue-loader 会帮助用户编译模板到 render 函数。

7.3.2　约束

在组件树中所有 VNode 必须是唯一的。例如，下面的代码段是不合法的：

```
render() {
    const myParagraphVNode = Vue.h('p', 'hi')
    return Vue.h('div', [
        //错误，重复的子 VNode
        myParagraphVNode, myParagraphVNode
    ])
}
```

如果需要重复多次渲染元素/组件，可以使用工厂函数来实现。例如下面的代码段，渲染函数用完全合法的方式渲染了 20 个相同的段落：

```
render() {
    return Vue.h('div',
        Array.apply(null, { length: 20 }).map(() => {
            return Vue.h('p', 'hi')
        })
    )
}
```

7.3.3　使用 JavaScript 代替模板功能

❶ v-if 和 v-for 指令

在模板中可以使用 Vue 的内置指令，比如 v-if、v-for，但在渲染函数 render 中无法使用这些内置指令，只能通过原生 JavaScript 实现。下面通过实例讲解 v-if 和 v-for 指令在 render 中的替代方案。

【例 7-3】v-if 和 v-for 指令在 render 中的替代方案。

本例的具体代码如下：

```
<div id="app">
    <my-element :items="items"></my-element>
    <button @click="handleClick">显示列表</button>
</div>
<script src="js/vue.global.js"></script>
<script>
    const app = Vue.createApp({
        data() {
            return {
                items: []
            }
        },
        methods: {
            handleClick: function() {
                this.items = [
                    'Java Web 开发从入门到实战',
                    'Java EE 框架整合开发入门到实战',
                    'Spring Boot 从入门到实战',
                    'SSM + Spring Boot + Vue.js 3 全栈开发从入门到实战',
                    'Vue.js 3 从入门到实战'
                ]
            }
        }
    })
    app.component('my-element', {
        //组件 my-element 的渲染函数的功能相当于模板的功能
        render() {
            //items 不为空
            if (this.items.length) {
                //渲染<ul>元素
                return Vue.h('ul', this.items.map((item) => {
```

```
                //使用数组的 map 方法渲染列表项<li>
                return Vue.h('li', item)
            }))
        } else {        //items 为空,渲染一个"列表为空"的<p>元素
            return Vue.h('p', '列表为空')
        }
    },
    props: ['items']
})
app.mount('#app')
</script>
```

例 7-3 的运行效果如图 7.2 所示。

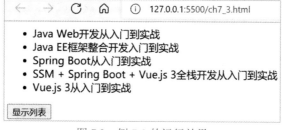

图 7.2　例 7-3 的运行效果

在例 7-3 中,使用 render 函数代替组件 my-element 的 template 功能,其对应的 template 如下:

```
<ul v-if = "items.length">
    <li v-for = "item in items">
        {{item}}
    </li>
</ul>
<p v-else>
    列表为空
</p>
```

❷ v-model 指令

在 render 函数中也没有与 v-model 指令对应的 API,需要使用 JavaScript 实现 v-model 指令双向绑定的逻辑。下面通过实例讲解 v-model 指令在 render 中的替代方案。

【例 7-4】在 render 函数中渲染一个输入框,并使用 value 属性和 input 事件实现 v-model 的双向绑定功能,运行效果如图 7.3 所示。

本例的具体代码如下:

```
<div id="app">
    <my-element></my-element>
</div>
<script src="js/vue.global.js"></script>
<script>
    const app = Vue.createApp({})
    app.component('my-element', {
        data() {
            return {
```

```
                        value: '初始值'
                    }
                },
                //组件my-element的渲染函数的功能相当于模板的功能
                render(h) {
                    let that = this;                        //为了防止this的指向发生改变
                    return Vue.h('div', [                    //children参数
                        //渲染一个输入框,使用value属性和input事件实现v-model双向绑定功能
                        Vue.h('input', {
                            //将data选项中的value变量绑定到input的value属性上
                            value: that.value,
                            oninput: function(event) {  //监听input事件
                                //当输入框数据变化时同步到组件的data选项中的value变量
                                that.value = event.target.value
                            }
                        }),
                        //渲染一个段落
                        Vue.h('p', 'value: ' + that.value)
                    ])
                }
            })
        app.mount('#app')
</script>
```

图 7.3　例 7-4 的运行效果

❸ v-on 指令

在渲染函数 render 中,对于 v-on 指令也需要编程实现。在实现 v-on 指令的功能时,必须为事件处理程序提供一个正确的 prop 属性名称。例如要处理 click 事件,prop 名称应该是 onClick。下面通过实例讲解在 render 函数中 v-on 指令处理 click 事件的替代方案。

【例 7-5】在 render 函数中渲染一个按钮,并处理按钮事件 click,运行效果如图 7.4 所示。

本例的具体代码如下:

```
<div id="app">
    <my-element></my-element>
</div>
<script src="js/vue.global.js"></script>
<script>
    const app = Vue.createApp({})
    app.component('my-element', {
        //组件my-element的渲染函数的功能相当于模板的功能
        render(h) {
            return Vue.h('button', {
                innerText: '渲染一个按钮',
```

```
            onClick: function(event) {              //监听 click 事件
                alert('测试 onClick 事件')
            }
        })
    }
})
app.mount('#app')
</script>
```

图 7.4　例 7-5 的运行效果

④ 事件修饰符和按键修饰符

对于.passive、.capture 和.once 事件修饰符，Vue 在渲染函数中提供了处理程序的对象语法。示例代码如下：

```
render() {
    return Vue.h('input', {
        onClick: {
            handler: this.doThisInCapturingMode,
            capture: true
        },
        onKeyUp: {
            handler: this.doThisOnce,
            once: true
        },
        onMouseOver: {
            handler: this.doThisOnceInCapturingMode,
            once: true,
            capture: true
        },
    })
}
```

其他事件修饰符和按键修饰符对应的实现方案如表 7.1 所示。

表 7.1　其他事件修饰符和按键修饰符对应的实现方案

修 饰 符	渲染函数中的等价操作
.stop	event.stopPropagation()
.prevent	event.preventDefault()
.self	if (event.target !== event.currentTarget) return
.enter、.13	if (event.keyCode !== 13) return（根据需要可将 13 改为另一个按键码）
.ctrl、.alt、.shift、.meta	if (!event.ctrlKey) return（根据需要可将 ctrlKey 分别修改为 altKey、shiftKey 或 metaKey）

本章小结

当浏览器读到 HTML 代码时将建立一个 DOM 节点树。在 DOM 节点树中，每个元素都是一个节点，每段文字也是一个节点，甚至连注释也是节点。Vue 通过建立一个虚拟 DOM 树来追踪自己如何更新真实 DOM 树。在虚拟 DOM 树中有虚拟节点（Virtual Node，VNode），这些 VNode 将告诉 Vue 页面上需要渲染什么样的节点，包括其子节点的描述信息。

当需要使用 JavaScript 创建 HTML 元素时，建议使用渲染函数，在渲染函数 render 中有一个或多个 h( )函数用于创建虚拟节点。

习　题　7

1．h( )函数有哪几个参数？每个参数代表的意义是什么？

2．v-if、v-for 和 v-model 等指令是否可以在渲染函数中使用？如果不能使用，请写出替代方案。

第 8 章 响应性与组合API

学习目的与要求

本章主要讲解响应性的基本原理与组合 API 思想。通过本章的学习，希望读者掌握 setup 函数的用法，理解响应性原理与组合 API 思想。

本章主要内容

- ❖ 响应性
- ❖ setup 选项
- ❖ provide 和 inject 方法
- ❖ 响应式计算与侦听

响应性是一种以声明式的方式去适应变化的编程范例，Vue.js 的响应性系统是非侵入性的，这是 Vue.js 最独特的特性之一。

Vue.js 组件可以将接口的可重复部分及其功能提取到可重用的代码段中，从而使应用程序可维护且灵活。组合 API 可以将与同一个逻辑相关的代码配置在一起，有效解决 Vue.js 组件逻辑复杂、可读性差等问题。

8.1　响应性

非侵入性的响应性系统是 Vue.js 最独特的特性之一,在本节将学习 Vue.js 响应性系统的实现细节。

8.1.1　什么是响应性

响应性是一种允许用户以声明式的方式去适应变化的编程范例。例如在某个 Excel 电子表格中,将数字 x 放在第一个单元格中,将数字 y 放在第二个单元格中,并要求自动计算 x + y 的值放在第三个单元格中。如果更新数字 x 或 y,第三个单元格中的值也会自动更新。

那么 Vue.js 如何追踪数据的变化呢? 在生成 Vue.js 实例时,使用带有 getter 和 setter 的处理程序遍历传入的 data,将其所有 property 转换为 Proxy 对象,例如例 8-1。Proxy 代理对象,顾名思义是在访问对象前增加一个中间层,通过中间层做一个中转,通过操作代理对象实现目标对象的修改。Proxy 对象对于用户来说是不可见的,但在内部它使 Vue.js 能够在 property 值被访问或修改的情况下进行依赖跟踪和变更通知。

【例 8-1】property 转换为 Proxy 对象。

本例的具体代码如下:

```
<script>
    const data = {
        uname: 'chenheng',
        age: 90
    }
    const handler = {
        get(target, name, receiver) {
            alert('执行 get 方法')
            //Reflect.get 方法查找并返回 target 对象的 name 属性,如果没有该属性,则返回
            //undefined
            return Reflect.get(...arguments)
        },
        set(target, name, value, receiver) {
            alert('执行 set 方法')
            //Reflect.set 方法设置 target 对象的 name 属性等于 value
            return Reflect.set(...arguments)
        }
    }
    const proxy = new Proxy(data, handler)
    alert(proxy.uname)          //执行 get 方法
    proxy.uname = 'hhhhh'       //执行 set 方法
    alert(proxy.uname)          //执行 get 方法
</script>
```

8.1.2　响应性的原理

reactive()方法和 watchEffect()方法是 Vue3 中响应式的两个核心方法,reactive()方法负

责将数据变成响应式代理对象，watchEffect()方法的作用是监听数据变化，更新视图或调用函数。reactive()方法和 watchEffect()方法的应用示例见例 8-2。

【例 8-2】reactive()方法和 watchEffect()方法的应用。

本例的具体代码如下。

```html
<script src="js/vue.global.js"></script>
<script>
    //reactive()方法接收一个普通对象，然后返回该对象的响应式代理
    let book = Vue.reactive({
        title: 'SSM + Spring Boot + Vue.js 3 全栈开发从入门到实战（微课视频版）',
        author: '陈恒'
    })
    //watchEffect()方法监听数据变化，更新视图或调用函数
    Vue.watchEffect(() => {
        alert(book.title)
    })
    book.title = 'Vue.js 3 从入门到实战（微课视频版）'
</script>
```

8.2　为什么使用组合 API

通过创建 Vue.js 组件，可以将接口的可重复部分及其功能提取到可重用的代码段中，从而使应用程序可维护且灵活。然而，当应用程序非常复杂（成百上千组件）时再使用组件的选项（data、computed、methods、watch）组织逻辑，可能导致组件难以阅读和理解。如果能够将与同一个逻辑相关的代码配置在一起将有效解决逻辑复杂、可读性差等问题。这正是使用组合 API 的目的。

假设在一个大型应用程序中有一个视图来显示某个用户的仓库列表，除此之外，还希望应用搜索和筛选功能。处理此视图的组件逻辑如下：

```javascript
// src/components/UserRepositories.vue
export default {
  components: {RepositoriesFilters, RepositoriesSortBy, RepositoriesList},
  props: {
    user: {
      type: String,
      required: true
    }
  },
  data() {
    return {
      repositories: [],                // 1
      filters: { … },                  // 3
      searchQuery: ''                  // 2
    }
  },
  computed: {
    filteredRepositories () { … },     // 3
```

```
    repositoriesMatchingSearchQuery () { … }, // 2
  },
  watch: {
    user: 'getUserRepositories'                // 1
  },
  methods: {
    getUserRepositories () {
                                               // 使用 'this.user' 获取用户仓库
    },                                         // 1
    updateFilters () { … },                    // 3
  },
  mounted () {
    this.getUserRepositories()                 // 1
  }
}
```

上述组件有 3 个职责：①假定外部 API 获取用户的仓库，并在用户更改时刷新它；②使用 searchQuery 字符串搜索存储库；③使用 filters 对象筛选仓库。使用组件的选项（data、computed、methods、watch）组织逻辑，这种碎片化使理解和维护复杂组件变得困难。选项的分离掩盖了潜在的逻辑问题。此外，在处理单个逻辑关注点时必须不断地"跳转"相关代码的选项块。下面使用组合 API 重新组织组件的逻辑（将第一个逻辑关注点中的几个部分移到 setup 方法中），具体如下：

```
// src/components/UserRepositories.vue
import { fetchUserRepositories } from '@/api/repositories'
import { ref } from 'vue'
export default {
  components: {RepositoriesFilters, RepositoriesSortBy, RepositoriesList},
  props: {
    user: {
      type: String,
      required: true
    }
  },
  setup(props) {           //将第一个逻辑关注点中的几个部分移到 setup 方法中
    const repositories = ref([])
    const getUserRepositories = async() => {
      repositories.value = await fetchUserRepositories(props.user)
    }
    return {
      repositories,
      getUserRepositories
    }
  },
  data() {
    return {
      fillers: { … },                                      // 3
      searchQuery: ''                                      // 2
    }
  },
  computed: {
    filteredRepositories() { … },                          // 3
```

```
      repositoriesMatchingSearchQuery() { ··· },      // 2
   },
   watch: {
      user: 'getUserRepositories'                      // 1
   },
   methods: {
      updateFilters() { ··· },                         // 3
   },
   mounted() {
      this.getUserRepositories()                       // 1
   }
}
```

读者现在肯定看不懂上述组件的代码逻辑，这里只是了解一下使用组合 API 的目的，等后面学习综合项目实战时再进行理解。

扫一扫

8.3 setup 选项

视频讲解

Vue 组件提供了 setup 选项，供开发者使用组合 API。setup 选项在创建组件前执行，一旦 props 被解析，便充当组合式 API 的入口点。由于在执行 setup 时尚未创建组件实例，所以在 setup 选项中没有 this。这意味着，除了 props 之外，无法访问组件中声明的任何属性，包括本地状态、计算属性或方法。

setup 选项是一个接受 props 和 context 参数的函数。此外，从 setup 返回的所有内容都将暴露给组件的其余部分（计算属性、方法、生命周期钩子、模板等）。

8.3.1 setup 函数的参数

❶ **setup 函数中的第一个参数 props**

setup 函数中的 props 是响应式的，当传入新的属性时，它将被更新，见例 8-3。

【例 8-3】在 setup 函数中参数 props 是响应式的。

本例的具体代码如下：

```
<template id="stesting">
    {{mybook}}
</template>
<div id="app">
    <setup-testing :abook="book"></setup-testing>
</div>
<script src="js/vue.global.js"></script>
<script>
    const app = Vue.createApp({
        data() {
            return {
                book: {
                    id: 1,
                    title: 'My journey with Vue'
                }
```

```
            }
        }
    })
    app.component('setup-testing', {
        props: ['abook'],
        setup(props) {                          // props 是响应式的
            console.log(props.abook.id)
            mybook = props.abook
            //暴露给 template
            return {
                mybook
            }
        },
        template: '#stesting'
    })
    app.mount('#app')
</script>
```

但是，因为 props 是响应式的，不能使用 ES6 解构，将会消除 props 的响应性。如果需要解构 props，可以在 setup 函数中使用 toRefs 函数来完成此操作，见例 8-4。

【例 8-4】在 setup 函数中使用 toRefs 函数创建 props 属性的响应式引用。

本例的具体代码如下：

```
<template id="stesting">
    {{mybook}}
</template>
<div id="app">
    <setup-testing :mytitle="book.title"></setup-testing>
</div>
<script src="js/vue.global.js"></script>
<script>
    const app = Vue.createApp({
        data() {
            return {
                book: {
                    id: 1,
                    title: 'My journey with Vue'
                }
            }
        }
    })
    app.component('setup-testing', {
        props: ['mytitle'],
        setup(props) {
            //使用 toRefs 函数创建 props 属性的响应式引用
            title = Vue.toRefs(props)
            //使用 ES6 解构
            console.log(title.mytitle.value)
            mybook = title
            //暴露给 template
            return {
                mybook
```

```
        }
      },
      template: '#stesting'
    })
    app.mount('#app')
</script>
```

❷ **setup 函数中的第二个参数 context**

context（上下文）是一个普通的 JavaScript 对象，它暴露组件的 4 个属性，即 attrs、slots、emit 以及 expose。示例代码如下：

```
setup(props, context) {
    // Attribute（非响应式对象，等同于$attrs）
    console.log(context.attrs)
    //插槽（非响应式对象，等同于$slots）
    console.log(context.slots)
    //触发事件（方法，等同于$emit）
    console.log(context.emit)
    //暴露公共 property（函数）
    console.log(context.expose)
  }
```

context 是一个普通的 JavaScript 对象，也就是说，它不是响应式的，这意味着用户可以安全地对 context 使用 ES6 解构。示例代码如下：

```
setup(props, { attrs, slots, emit, expose }) {
    ...
}
```

attrs 和 slots 是有状态的对象，它们随组件本身的更新而更新，这意味着应该避免对它们进行解构，并始终以 attrs.x 或 slots.x 的方式引用属性。

8.3.2 setup 函数的返回值

❶ **对象**

如果 setup 返回一个对象，则可以在组件的模板中访问该对象的属性。下面通过一个实例讲解 setup 函数的使用方法。

【例 8-5】setup 函数返回一个对象。

本例的具体代码如下：

```
<template id="stesting">
    <!--在模板中使用 readersNumber 对象会被自动开箱，所以不需要.value-->
    <div>{{ readersNumber }} {{ book.title }}</div>
</template>
<div id="app">
    <setup-testing></setup-testing>
</div>
<script src="js/vue.global.js"></script>
<script>
    const app = Vue.createApp({})
```

```
        app.component('setup-testing', {
            setup() {
                //使用 ref 函数对值创建一个响应式引用,并返回一个具有 value 属性的对象
                const readersNumber = Vue.ref(1000)
                //reactive()接收一个普通对象,然后返回该对象的响应式代理
                const book = Vue.reactive({ title: '好书' })
                //暴露给 template
                return {
                    readersNumber,
                    book
                }
            },
            template: '#stesting'
        })
        app.mount('#app')
</script>
```

❷ 渲染函数

setup 还可以返回一个渲染函数,该函数可以直接使用在同一个作用域中声明的响应式状态。下面通过一个实例讲解 setup 返回渲染函数。

【例 8-6】实现例 8-5 的功能,要求 setup 返回渲染函数。

本例的具体代码如下:

```
<div id="app">
    <setup-testing></setup-testing>
</div>
<script src="js/vue.global.js"></script>
<script>
    const app = Vue.createApp({})
    app.component('setup-testing', {
        setup() {
            //使用 ref 函数对值创建一个响应式引用,并返回一个具有 value 属性的对象
            const readersNumber = Vue.ref(1000)
            //reactive()接收一个普通对象,然后返回该对象的响应式代理
            const book = Vue.reactive({ title: '好书' })
            //返回渲染函数
            return() => Vue.h('div', [readersNumber.value, book.title])
        }
    })
    app.mount('#app')
</script>
```

8.3.3　使用 ref 创建响应式引用

❶ 声明响应式状态

如果要为 JavaScript 对象创建响应式状态,可以使用 reactive()方法。reactive()方法接收一个普通对象,然后返回该对象的响应式代理。示例代码如下:

```
const book = Vue.reactive({ title: '好书' })
```

reactive()方法的响应式转换是"深层的",即影响对象内部所有嵌套的属性。基于 ES 的 Proxy 实现返回的代理对象不等于原始对象。建议使用代理对象,避免依赖原始对象,例如在例 8-5 中,使用代理对象 book。

❷ 使用 ref 创建独立的响应式值对象

ref 接受一个参数值并返回一个响应式且可改变的 ref 对象。ref 对象拥有一个指向内部值的单一属性.value。示例代码如下:

```
const readersNumber = Vue.ref(1000)
console.log(readersNumber.value)        //1000
readersNumber.value++
console.log(readersNumber.value)        //1001
```

当 ref 作为渲染上下文的属性返回(即在 setup 返回的对象中)并在模板中使用时,它会自动开箱,无须在模板内额外书写.value。例如在例 8-5 中这样使用: {{ readersNumber }}。

当嵌套在响应式对象中时 ref 才会自动开箱,从 Array 或者 Map 等原生集合类中访问 ref 时不会自动开箱。示例代码如下:

```
const map = reactive(new Map([['foo', ref(0)]]))
//这里需要.value
console.log(map.get('foo').value)
```

在例 8-5 和例 8-6 中,使用 ref 将值封装在一个对象中看似没有必要,但为了保持 JavaScript 中不同数据类型的行为统一,这是必需的。也就是说,任何数据类型的值都有一个封装对象,这样就可以在整个应用中安全地传递它,而不必担心在某个地方失去它的响应性。

例如,在 8.2 节的 setup 方法中创建了一个响应式的变量 repositories:

```
// src/components/UserRepositories.vue `setup` function
import { fetchUserRepositories } from '@/api/repositories'
import { ref } from 'vue'
setup (props) {
  const repositories = ref([])
  const getUserRepositories = async() => {
    repositories.value = await fetchUserRepositories(props.user)
  }
  return {
    repositories,
    getUserRepositories
  }
}
```

在上述代码中,调用 getUserRepositories 时,repositories 变量将发生变化,视图也随之更新。

8.3.4 在 setup 内部调用生命周期钩子函数

在 setup 内部可通过在生命周期钩子函数前面加上"on"来访问组件的生命周期钩子函数。因为 setup 是围绕 beforeCreate 和 created 生命周期钩子函数运行的,所以不需要显式地定义它们。换句话说,在这些钩子函数中编写的任何代码都应该直接在 setup 函数中

编写。这些 on 函数接受一个回调函数，当钩子函数被组件调用时将会被执行。示例代码如下：

```
setup() {
    // mounted 时执行
    onMounted(() => {
        console.log('Component is mounted!')
    })
}
```

8.4 提供/注入

通过 4.3.4 节可知，使用 provide 和 inject 可实现组件链传值。也就是说，父组件可以作为其所有子组件的依赖项提供程序，而不管组件的层次结构有多深，父组件有一个 provide 选项来提供数据，子组件有一个 inject 选项来使用这个数据。

在组合 API 中也可以使用 provide 方法和 inject 方法实现传值，但两者都只能在当前活动实例的 setup()期间调用。

假设有一个场景，其中包含一个 MyMap 组件，该组件使用组合 API 为 MyMarker 组件提供用户的位置。MyMap.vue（单文件组件将在后面讲解，现在只是设置场景）的具体代码如下：

```
<!-- src/components/MyMap.vue -->
<template>
    <MyMarker />
</template>
<script>
    import MyMarker from './MyMarker.vue'
    export default {
      components: {
        MyMarker
      },
      provide: {
        location: 'North Pole',
        geolocation: {
          longitude: 90,
          latitude: 135
        }
      }
    }
</script>
```

MyMarker.vue 的具体代码如下：

```
<!-- src/components/MyMarker.vue -->
<script>
    export default {
      inject: ['location', 'geolocation']
    }
</script>
```

8.4.1　provide 方法

首先从 vue 显式导入 provide 方法，然后在 setup() 中使用 provide 方法定义每个 property。

provide 方法有以下两个参数。

（1）name：代表字符串类型的属性名称。

（2）value：代表任意类型的属性值。

使用 provide 方法重构 MyMap 组件：

```
<!-- src/components/MyMap.vue -->
<template>
    <MyMarker />
</template>
<script>
    import { provide } from 'vue'
    import MyMarker from './MyMarker.vue'
    export default {
      components: {
        MyMarker
      },
      setup() {
        provide('location', 'North Pole')
        provide('geolocation', {
          longitude: 90,
          latitude: 135
        })
      }
    }
</script>
```

8.4.2　inject 方法

首先从 vue 显式导入 inject 方法，然后在 setup() 中使用 inject 方法注入每个 property 值。

inject 方法有以下两个参数。

（1）name：被注入的属性名称（字符串类型）。

（2）defaultValue：默认值（可选）。

使用 inject 方法重构 MyMarker 组件：

```
<!-- src/components/MyMarker.vue -->
<script>
    import { inject } from 'vue'
    export default {
      setup() {
        const userLocation = inject('location', 'The Universe')
        const userGeolocation = inject('geolocation')
        return {
          userLocation,
          userGeolocation
```

```
        }
    }
}
</script>
```

下面使用非单文件组件演示 provide 方法和 inject 方法的使用过程。

【例 8-7】在父组件 app 中使用 provide 方法提供数据，在子组件 setup-testing 中注入数据。

本例的具体代码如下：

```
<template id="stesting">
    {{userLocation}}<br>
    {{userGeolocation.longitude}}
</template>
<div id="app">
    <setup-testing>
        {{userLocation}}
    </setup-testing>
</div>
<script src="js/vue.global.js"></script>
<script>
    const app = Vue.createApp({
        setup() {
            Vue.provide('location', 'North Pole')
            Vue.provide('geolocation', {
                longitude: 90,
                latitude: 135
            })
        }
    })
    app.component('setup-testing', {
        setup() {
            const userLocation = Vue.inject('location', 'The Universe')
            const userGeolocation = Vue.inject('geolocation')
            return {
                userLocation,
                userGeolocation
            }
        },
        template: '#stesting'
    })
    app.mount('#app')
</script>
```

例 8-7 的运行效果如图 8.1 所示。

图 8.1　例 8-7 的运行效果

8.5　模板引用

在使用组合 API 时，响应式引用和模板引用的概念是统一的。为了获得对模板内元素或组件实例的引用，可以声明一个 ref 并从 setup() 返回。下面通过一个实例讲解模板引用。

【例 8-8】在模板中使用 ref 引用响应式对象。

本例的具体代码如下：

```
<template id="st">
    <div ref="root">这是根元素</div>
</template>
<div id="app">
    <setup-testing></setup-testing>
</div>
<script src="js/vue.global.js"></script>
<script>
    const app = Vue.createApp({})
    app.component('setup-testing', {
        setup() {
            const root = Vue.ref(null)
            Vue.onMounted(() => {
                // DOM 元素将在初始渲染后分配给 ref
                console.log(root.value) // <div>这是根元素</div>
            })
            return {
                root
            }
        },
        template: "#st"
    })
    app.mount('#app')
</script>
```

在上述代码中，在渲染上下文时暴露 root，并通过 ref="root" 将其绑定到 div 作为其 ref。需要注意的是，模板引用在初始渲染后才能获得赋值。

8.6　响应式计算与侦听

扫一扫

视频讲解

本节将介绍响应式计算方法 computed、响应式侦听方法 watchEffect 和响应式侦听方法 watch 的具体用法。

8.6.1　响应式计算

使用响应式计算方法 computed 有两种方式：传入一个 getter 函数，返回一个默认不可手动修改的 ref 对象；传入一个拥有 get 和 set 函数的对象，创建一个可手动修改的计算状态。下面通过实例讲解 computed 方法的具体使用过程。

【例8-9】返回一个默认不可手动修改的 ref 对象。

本例的具体代码如下：

```
<script src="js/vue.global.js"></script>
<script>
    const count = Vue.ref(1)
    const plusOne = Vue.computed(() => count.value + 2)
    console.log(plusOne.value)        // 3
    plusOne.value++                   //错误
</script>
```

【例8-10】返回一个可手动修改的 ref 对象。

本例的具体代码如下：

```
<script src="js/vue.global.js"></script>
<script>
    const count = Vue.ref(1)
    const plusOne = Vue.computed({
        get: () => count.value + 1,
        set: (val) => {
            count.value = val - 1
        },
    })
    plusOne.value = 5
    console.log(count.value)          // 4
</script>
```

8.6.2　响应式侦听

❶ 响应性侦听方法 watchEffect

用户可使用响应性侦听方法 watchEffect 对响应性进行侦听。该方法立即执行传入的一个函数，同时响应式追踪其依赖，并在其依赖变更时重新运行该函数。下面通过一个实例讲解响应性侦听方法 watchEffect 的使用。

【例8-11】响应性侦听方法 watchEffect 的使用。

本例的具体代码如下：

```
<script src="js/vue.global.js"></script>
<script>
  const count = Vue.ref(0)
  Vue.watchEffect(() => console.log(count.value))
  // -> 打印出 0
  setTimeout(() => {
    count.value++
    // -> 打印出 1
  }, 100)
</script>
```

1）停止侦听

当 watchEffect 在组件的 setup()函数或生命周期钩子函数被调用时，侦听器会被链接到该组件的生命周期，并在组件卸载时自动停止。在一些情况下也可以显式调用返回值，以停止侦听。示例代码如下：

```
const stop = watchEffect(() => {
  /* … */
})
//之后
stop()
```

2）清除副作用

有时副作用函数会执行一些异步的副作用，这些响应需要在其失效时清除（即完成前状态已改变），所以侦听副作用传入的函数可以接收一个 onInvalidate 函数作为入参，用来注册清理失效时的回调。当副作用即将重新执行或侦听器被停止时触发失效回调函数。示例代码如下：

```
watchEffect((onInvalidate) => {
  const token = performAsyncOperation(id.value)
  onInvalidate(() => {
    //id改变时或停止侦听时
    //取消之前的异步操作
    token.cancel()
  })
})
```

3）侦听器调试

onTrack 和 onTrigger 选项可用于调试一个侦听器的行为。当一个响应性对象属性或一个 ref 作为依赖被追踪时将调用 onTrack，当依赖项变更导致副作用被触发时将调用 onTrigger。这两个回调都将接收到一个包含有关所依赖项信息的调试器事件。onTrack 和 onTrigger 仅在开发模式下生效。示例代码如下：

```
watchEffect(
  () => {
    /*副作用的内容*/
  },
  {
    onTrigger(e) {
      debugger 语句来检查依赖关系
    },
  }
)
```

❷ 响应性侦听方法 watch

watch 需要侦听特定的数据源，并在回调函数中执行副作用。在默认情况下是懒执行的，也就是说仅在侦听的源变更时才执行回调。与 watchEffect 相比较，watch 允许懒执行副作用；更明确哪些状态的改变会触发侦听器重新运行副作用；访问侦听状态变化前后的值。

1）侦听单个数据源

侦听器的数据源可以是一个拥有返回值的 getter 函数，也可以是 ref。示例代码如下：

```
//侦听一个getter
const state = reactive({ count: 0 })
```

```
watch(() => state.count,(count, prevCount) => {
    /* … */
  }
)
//直接侦听一个ref
const count = ref(0)
watch(count, (count, prevCount) => {
  /* … */
})
```

2）侦听多个数据源

watch 也可以使用数组来同时侦听多个源。示例代码如下：

```
watch([fooRef, barRef], ([foo, bar], [prevFoo, prevBar]) => {
  /* … */
})
```

3）与 watchEffect 共享的行为

watch 和 watchEffect 在停止侦听、清除副作用、副作用刷新时机和侦听器调试等方面行为一致。

本章小结

本章主要介绍了响应性原理与组合 API 思想。响应性是一种以声明式的方式去适应变化的编程范例，非侵入性的响应性系统是 Vue.js 最独特的特性之一。组合 API 可以将与同一个逻辑相关的代码配置在一起，有效解决逻辑复杂、可读性差等问题。

Vue.js 的基本用法到本章就结束了。到目前为止，有关 Vue.js 的示例都是通过<script>引入 vue.global.js 来运行的，从下一章开始，将陆续介绍前端工程化和 Vue.js 生态。

习 题 8

1. 在 Vue3 的响应式编程中，（　　）方法负责将数据变成响应式代理对象。

A. watchEffect()　　　B. reactive()　　　C. proxy()　　　D. create()

2. 在 Vue3 的响应式编程中，（　　）方法的作用是监听数据变化，更新视图或调用函数。

A. watchEffect()　　　B. reactive()　　　C. watch()　　　D. watched()

3. setup 函数中的（　　）参数是响应式的，当传入新的属性时它将被更新。

A. context　　　B. expose　　　C. attrs　　　D. props

4. 怎样为 JavaScript 对象创建响应式代理？

5. provide 方法有哪几个参数？怎样使用 provide 方法？

6. 怎样使用响应式计算方法 computed？

第 9 章　webpack

学习目的与要求

本章主要讲解 webpack 的安装与使用。通过本章的学习，希望读者掌握 webpack 的基本配置，了解 webpack 加载器与插件的配置，掌握使用 webpack 构建 Vue.js 应用的具体过程。

本章主要内容

- ❖ webpack 的安装与使用
- ❖ 加载器与插件
- ❖ vue–loader

目前，前端技术发展迅猛，前端的开发不再是几个页面、几个图片那么简单，当项目比较大时，前端开发可能会涉及多人协同完成。模块化、组件化已成为前端开发的概念，高效的前端开发离不开基础工程的搭建。

本章将学习目前热门的 JavaScript 应用程序的静态模块打包工具 webpack，以方便开发人员进行前端工程化，提高开发效率。

9.1　webpack 介绍 ✳

webpack 是一个用于 JavaScript 应用程序的静态模块打包工具。当用 webpack 处理应用程序时，它会在内部从一个或多个入口点（即入口文件）构建一个依赖图（Dependency Graph），然后将项目中所需的每一个模块组合成一个或多个 bundles，它们均为静态资源，用于展示项目内容。

webpack 根据模块的依赖关系进行静态分析，然后将这些模块按照指定的规则生成对应的静态资源。图 9.1 是来自 webpack 官方网站（https://webpack.js.org/）的模块化示意图。

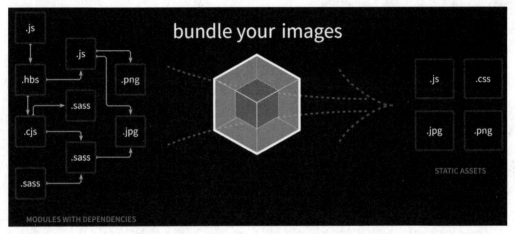

图 9.1　webpack 模块化示意图

图 9.1 的左边是业务中编写的各种类型的文件，这些文件通过特定的加载器（Loaders）编译后最终统一生成.js、.css、.jpg、.png 等静态资源文件。在 webpack 中，一张图片、一个.css 文件等都被称为模块，并彼此存在依赖关系。使用 webpack 的目的就是处理模块间的依赖关系，并将它们进行打包。

webpack 的主要适用场景是单页面应用（SPA），SPA 通常由一个 HTML 文件和一堆按需加载的.js 文件组成。接下来学习 webpack 的安装与使用。

9.2　webpack 的安装与使用 ✳

本节使用 NPM 安装 webpack，NPM 是 Node.js 的包管理器，集成在 Node.js 中，所以需要首先安装 Node.js。

9.2.1　安装 Node.js 和 NPM

用户通过访问官网 https://nodejs.org/en/即可下载对应版本的 Node.js，本书下载的是"16.15.1 LTS"。

在下载完成后运行安装包 node-v16.15.1-x64.msi，一直下一步即可完成安装。然后在命令行窗口中输入命令 node -v，检查是否安装成功，如图9.2所示。

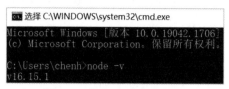

图9.2 查看 Node.js 的版本

如图9.2所示，出现了 Node.js 的版本号，说明 Node.js 已经安装成功。同时，NPM包管理器也已经安装成功，可以输入 npm -v 查看其版本号，如图9.3所示。最后输入 npm -g install npm 命令，可以将 NPM 更新至最新版本。

```
C:\Users\chenh>npm --location=global install npm
npm WARN config global `--global`, `--local` are
changed 14 packages, and audited 202 packages in
11 packages are looking for funding
  run `npm fund` for details
found 0 vulnerabilities
C:\Users\chenh>npm -v
npm WARN config global `--global`, `--local` are
8.13.2
```

图9.3 查看 NPM

9.2.2 NPM 常用命令

NPM（Node Package Manager）是 Node.js 的包管理器，方便下载、安装、上传及管理包，解决了 Node 代码部署上的很多问题，经常用于以下3种场景。

（1）允许用户从 NPM 服务器下载别人编写的第三方包到本地使用。

（2）允许用户从 NPM 服务器下载并安装别人编写的命令行程序到本地使用。

（3）允许用户将自己编写的包或命令行程序上传到 NPM 服务器供别人使用。

NPM 的背后有一个开源的面向文档的数据库管理系统支撑，详细记录了每个包的信息，包括作者、版本、依赖、授权等信息。它的作用是将开发者从烦琐的包管理工作中解放出来，从而更加专注于功能业务的开发。

下面讲解 NPM 的常用命令。

❶ 检测是否安装

检测 NPM 是否安装的具体命令如下：

```
npm -v        #显示版本号说明已经安装相应的版本
```

❷ 生成 package.json 文件

package.json 用来描述项目中用到的模块和其他信息，用户可使用如下命令生成该文件：

```
npm init
```

❸ 安装模块

安装 package.json 定义好的模块的具体命令如下，简写为 npm i。

```
npm install
```

安装包指定模块，具体命令如下：

```
npm i <ModuleName>
```

全局安装，具体命令如下：

```
npm i <ModuleName> -g
```

在安装包的同时将信息写入 package.json 的 dependencies 配置中，具体命令如下：

```
npm i <ModuleName> --save
```

在安装包的同时将信息写入 package.json 的 devDependencies 配置中，具体命令如下：

```
npm i <ModuleName> --save-dev
```

安装多模块，具体命令如下：

```
npm i <ModuleName1> <ModuleName2>
```

安装方式参数，具体如下：

```
-save            #简写为-S，加入生产依赖中
-save-dev        #简写为-D，加入开发依赖中
-g               #全局安装，将安装包放在/usr/local下或者Node.js的安装目录中
```

❹ 查看

查看所有全局安装的包，具体命令如下：

```
npm ls -g
```

查看本地项目中安装的包，具体命令如下：

```
npm ls
```

查看包的 package.json 文件，具体命令如下：

```
npm view <ModuleName>
```

查看包的依赖关系，具体命令如下：

```
npm view <ModuleName> dependencies
```

查看包的源文件地址，具体命令如下：

```
npm view <ModuleName> repository.url
```

查看包所依赖的 Node.js 版本，具体命令如下：

```
npm view <ModuleName> engines
```

查看帮助，具体命令如下：

```
npm help
```

⑤ 更新模块

更新本地模块，具体命令如下：

```
npm update <ModuleName>
```

更新全局模块，具体命令如下：

```
npm update -g <ModuleName>          #更新全局软件包
npm update -g                       #更新所有的全局软件包
npm outdated -g --depth=0           #找出需要更新的包
```

⑥ 卸载模块

卸载本地模块，具体命令如下：

```
npm uninstall <ModuleName>
```

卸载全局模块，具体命令如下：

```
npm uninstall -g <ModuleName>       #卸载全局软件包
```

⑦ 清空缓存

清空 NPM 缓存，具体命令如下：

```
npm cache clear
```

⑧ 使用淘宝镜像

使用淘宝镜像，具体命令如下：

```
npm install -g cnpm --registry=https://registry.npm.taobao.org
```

⑨ 其他

更改包内容后进行重建，具体命令如下：

```
npm rebuild <ModuleName>
```

检查包是否已经过时，此命令会列出所有已经过时的包，以便及时更新包，具体命令如下：

```
npm outdated
```

访问 NPM 的.json 文件，此命令将会打开一个网页，具体命令如下：

```
npm help json
```

在发布一个包的时候检验某个包名是否存在，具体命令如下：

```
npm search <ModuleName>
```

撤销自己发布过的某版本代码，具体命令如下：

```
npm unpublish <package> <version>
```

⑩ 使用技巧

多次安装不成功时尝试清除缓存，具体命令如下：

```
npm cache clean -f
```

查看已安装的依赖包的版本号，具体命令如下：

```
npm ls <ModuleName>
```

注意： 使用此方法才能准确地知道项目使用的版本号，在查看 package.json 时，有"^"符号表示高于此版本。

9.2.3 安装 webpack

首先创建一个目录，例如 C:\webpack-firstdemo，然后使用 VSCode 打开该目录，并进入 Terminal 终端，如图 9.4 所示。

图 9.4　打开目录并进入 Terminal 终端

❶ 初始化配置

在图 9.4 中输入命令 npm init 初始化配置，该命令执行后将有一系列选项，用户可以按回车键快速确认，结束后将在 webpack-firstdemo 目录下生成一个 package.json 文件。

❷ 安装 webpack

初始化配置后，接着在图 9.4 中输入命令 npm install webpack --save-dev 在本地局部（项目中）安装 webpack。--save-dev 将作为开发依赖来安装 webpack。安装成功后，在 package.json 文件中将多一项配置：

```
"devDependencies": {
    "webpack": "^5.70.0",
}
```

从上述配置项中可以看出已成功安装 webpack v5.70.0。

9.2.4 安装 webpack-cli

webpack-cli，即 webpack 命令行接口，它提供了许多命令，使 webpack 的工作变得更加简单。

在 webpack 4 之前，不用安装 webpack-cli 即可使用。在 webpack 4 之后，它将 webpack 和 webpack-cli 分开处理，需要安装 webpack-cli。在图 9.4 中输入命令 npm install webpack-cli --save-dev 在本地局部安装 webpack-cli。

9.2.5 安装 webpack-dev-server

webpack-dev-server 是一个小型的 node.js Express 服务器，使用 webpack-dev-middleware 中间件为通过 webpack 打包生成的资源文件提供 Web 服务。它还有一个通过 Socket.io 连接着 webpack-dev-server 服务器的小型运行时程序。webpack-dev-server 发送关于编译状态的消息到客户端，客户端根据消息作出响应。简单来说，webpack-dev-server 就是一个小型的静态文件服务器，使用它可以为 webpack 打包生成的资源文件提供 Web 服务。

安装 webpack-dev-server，可以在开发环境中提供很多服务，例如启动一个服务器、热更新、接口代理等。在图 9.4 中输入命令 npm install webpack-dev-server --save-dev 在本地局部安装 webpack-dev-server。

如果在 package.json 文件的 devDependencies 中包含 webpack、webpack-cli 和 webpack-dev-server，如图 9.5 所示，说明它们已被成功安装。

```
"devDependencies": {
  "webpack": "^5.70.0",
  "webpack-cli": "^4.9.2",
  "webpack-dev-server": "^4.7.4"
}
```

图 9.5 成功安装 webpack、webpack-cli 和 webpack-dev-server

在成功安装 webpack、webpack-cli 和 webpack-dev-server 之后，下面学习如何使用它们对前端项目进行打包。

9.2.6 webpack 的基本配置

webpack 配置文件是一个名为 webpack.config.js 的.js 文件，架构的好坏都体现在该配置文件中。编写 webpack 配置文件 webpack.config.js 和相关资源文件，执行 webpack 进行打包，生成如 bundle.js 的输出文件，并在 HTML 页面中引用 bundle.js 文件。

编写 webpack 配置文件，需要事先了解 webpack 配置的框架结构，它一般包含模式（mode）、入口（entry）、输出（output）、模块（module）、开发中 Server（devServer）和插件（Plugins）等几个部分的配置。空配置框架结构如下：

```
module.exports = {
    mode: ' ',        // production | development | none 模式
    entry:{ },        //入口文件的配置项
    output:{ },       //出口文件的配置项
    module:{ },       //模块配置项
    plugins:[ ],      //插件配置项
    devServer:{ }     //配置 webpack 开发服务功能
}
```

下面对模式（mode）、入口（entry）和输出（output）3 个基本配置项进行具体介绍。

❶ 模式（**mode**）

mode 配置项定义了 webpack 的执行环境，包括开发环境（development）、生产环境（production）和只打包（none）。在使用 webpack 打包时，务必要设置 mode 配置项。在配置中提供了 mode 选项，示例代码如下：

```
module.exports = {
  mode: 'production'
};
```

除此之外，也可以使用命令行的方式设置 mode 配置项，示例代码如下：

```
webpack --mode=production
```

❷ 入口（**entry**）

entry 配置项表示应用程序的起点或起点入口。从这个起点开始，应用程序启动执行。在进入起点入口以后，webpack 将会找出哪些模块和库是起点入口所依赖的。根据前端工程的实际需要，可以配置单起点入口和多起点入口。配置规则为每个 HTML 页面都有一个起点入口，其中单页应用（SPA）有一个起点入口，多页应用（MPA）有多个起点入口。

1）单起点入口

单起点入口的语法为 "entry: string | [string]"。示例代码如下：

```
module.exports = {
  entry: './src/main.js'     //默认值是'./src'，值为字符串
}
```

如果 entry 值为数组，数组的每一个元素一起打包。示例代码如下：

```
module.exports = {
  entry: ['./app/entry1.js', './app/entry2.js']'
}
```

2）多起点入口

多起点入口的语法为 "entry: { <key>: string | [string] }"，entry 值为键值对形式的对象。示例代码如下：

```
module.exports = {
  entry: {
    page1: './src/page1/entry1.js',  //包名即键名
    page2: ['./src/page2/entry2.js', './src/page2/entry3.js']
  }
}
```

❸ 输出（**output**）

output 配置项指明 webpack 所创建的输出文件（例如 bundle.js）的位置和命名这些输出文件的规则，默认输出路径为 ./dist。在一般情况下，整个前端工程结构都被编译到所指定的输出路径的文件夹中。用户可通过 output 配置项完成 path、publicPath 和 filename 等属性的设置。

1）path

path 属性表示 webpack 的所有文件的输出路径，注意必须是绝对路径。

2）publicPath

publicPath 属性表示公共路径。该属性为项目中的所有资源指定一个基础路径。基础路径是指前端项目中引用 CSS、JavaScript、图像等资源时的一个基础路径，此基础路径需要配合具体资源中指定的路径使用，所以实际打包后资源的访问路径可以表示为：

> 静态资源最终访问路径=output.publicPath+资源加载器或插件等配置路径

若 publicPath 为./dist/，filename 为 js/[name]-bundle.js，[name]为占位符，与多入口 entry 值中的属性名称相对应，则引用 JavaScript 文件路径应为./dist/js/[name]-bundle.js。

3）filename

filename 属性表示输出的 JavaScript 文件名称。在单起点入口和多起点入口配置情况下，生成的 JavaScript 文件名不同。通常，单起点入口生成的文件名为 bundle.js；多起点入口生成多个 JavaScript 文件，文件名的形式通常为"子目录/[name]-[指定字符].js"，name 的值与多起点入口配置中的属性名相同，[指定字符]为可选。子目录也可以根据需要设置。

针对单起点入口，webpack.config.js 配置文件中 output 配置项的常用配置示例代码如下：

```
const path = require('path');
module.exports = {
    output: {
        path: path.resolve(_dirname, 'dist'), //输出的文件路径，默认为./dist
        filename: 'bundle.js',                //默认单起点入口输出为 bundle.js
        publicPath: './dist/'                 //指定资源文件引用的目录
    }
}
```

针对多起点入口，webpack.config.js 配置文件中 output 配置项的常用配置示例代码如下：

```
const path = require('path');
module.exports = {
    output: {
        path: path.resolve(_dirname, 'dist'), //输出的文件路径，默认为./dist
        filename: 'js/[name]-bundle.js',
                    //针对多起点入口，在 js 子目录中输出不同的 JavaScript 文件
        publicPath: './dist/'                 //指定资源文件引用的目录
    }
}
```

9.2.7　webpack 打包实例

❶ 单起点入口项目的打包

下面由浅入深，按照 9.2.6 节的基本配置，使用 webpack 完成单起点入口项目的打包。

【例 9-1】webpack 打包示例——单起点入口项目打包。

该实例需要使用 VS Code 打开 webpack-firstdemo 目录，并在完成 9.2.3 节～9.2.5 节的基础上进行，其他具体步骤如下。

（1）创建 index.js。使用 VS Code 在 webpack-firstdemo 目录下创建 src 子目录，并在 src 子目录下创建 index.js，具体代码如下：

```
export default function computer(n, m) {
```

```
    document.write("<h2>计算累加和: </h2>");
    for (var i = n, sum = 0; i <= m; i++) {
        sum = sum + i;
    }
    document.write(n + "-" + m + "的累加和为" + sum + "<br>");
}
```

index.js 中的 export default function computer(n,m){…}表示定义模块默认导出,每个模块仅有一个默认导出。

export default 与 export 的区别如下:

① export 与 export default 均可用于导出常量、函数、文件、模块等。

② 可以在其他文件或模块中通过 import+(常量｜函数｜文件｜模块)名的方式将其导入,以便能够对其进行使用。

③ 在一个文件或模块中,export、import 可以有多个,export default 仅允许有一个。

④ 通过 export 方式导出,在导入时需要加{ },export default 则不需要。

下面的例子用于说明 export default 与 export 的区别。

使用 export 导出,具体代码如下:

```
//a.js
export const str = "字符串常量";        //导出字符串常量
export function log(sth) {              //导出函数
    return sth:
}
```

对应的导入方式如下:

```
//b.js
import { str, log } from 'a';          //也可以分开写两次,在导入的时候带花括号
```

使用 export default 导出,具体代码如下:

```
//a.js
const str = "字符串常量";
export default str;
```

对应的导入方式如下:

```
//b.js
import str from 'a';   //在导入的时候没有花括号
```

(2) 创建入口文件 main.js。在 src 子目录下创建应用程序入口文件 main.js,具体代码如下:

```
import computer from "./index";
computer(1, 100);
```

(3) 创建 index.html。在 webpack-firstdemo 目录下创建 index.html,具体代码如下:

```
<!DOCTYPE html>
<html>
<head>
    <meta charset="utf-8">
    <title>webpack项目打包示例</title>
```

```
</head>
<body>
    <script type="text/javascript" src="dist/bundle.js"></script>
</body>
</html>
```

（4）创建配置文件 webpack.config.js。在 webpack-firstdemo 目录下创建配置文件 webpack.config.js，具体代码如下：

```
const path = require('path');
module.exports = {
    mode: 'development',
    entry: './src/main.js',                    //单起点入口文件
    output: {
        path: path.resolve(__dirname, 'dist'),  //输出的文件路径，默认为./dist
        publicPath: './dist/',
        filename: 'bundle.js'                   //默认单起点入口输出为bundle.js
    }
}
```

此时，前端项目 webpack-firstdemo 的目录结构如图 9.6 所示。

图 9.6　前端项目 webpack-firstdemo 的目录结构

（5）添加快速启动脚本。在 package.json 的 scripts 中添加快速启动 webpack 的脚本：

```
"scripts": {
    "build":"webpack",
    "test": "echo \"Error: no test specified\" && exit 1"
}
```

这样，在 Terminal 终端执行 npm run build 命令时将执行 webpack 命令对项目进行打包。

（6）执行 npm run build 命令进行项目的打包。使用 VS Code 打开 webpack-firstdemo 项目，在终端执行 npm run build 命令进行项目的打包，打包成功后如图 9.7 所示。

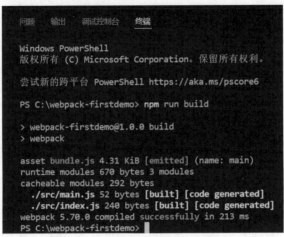

图 9.7 webpack 编译打包结果界面

打包成功后,将在 webpack-firstdemo 目录下生成 dist 文件夹,并在该文件夹中生成 bundle.js 文件。

(7) 运行 index.html。在 VSCode 中选择 Open with Live Server 菜单项(图 9.8)运行 index.html 文件,运行结果如图 9.9 所示。

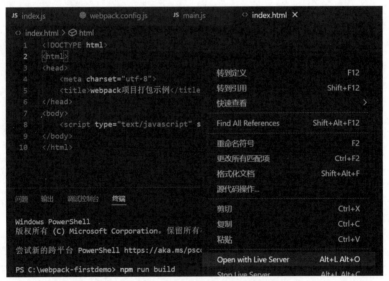

图 9.8 在 VSCode 中运行 index.html

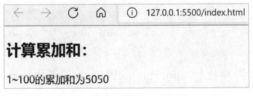

图 9.9 例 9-1 中 index.html 页面的运行结果

如果需要在 Web 服务器上打开例 9-1 中的 index.html,首先在 package.json 的 scripts 中添加快速启动 webpack-dev-server 的脚本。

```
"scripts": {
    "build":"webpack",
    "dev": "webpack-dev-server --open Chrome.exe --config webpack.config.js",
    "test": "echo \"Error: no test specified\" && exit 1"
}
```

然后使用 VSCode 打开 webpack-firstdemo 项目，在 Terminal 终端执行 npm run dev 命令启动 Web 服务器，成功启动后终端界面如图 9.10 所示。

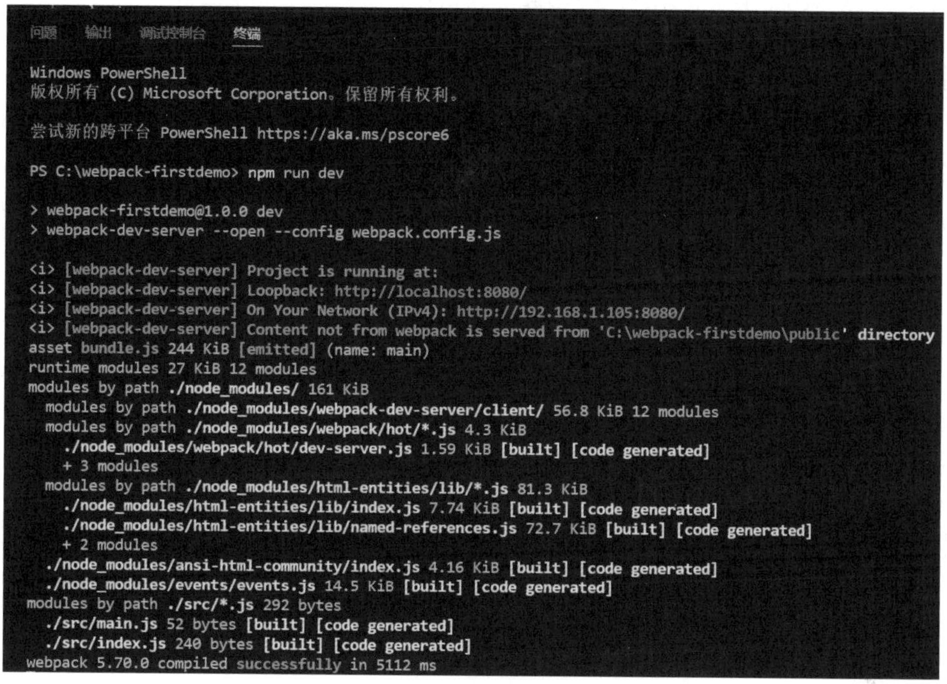

```
问题    输出    调试控制台    终端

Windows PowerShell
版权所有 (C) Microsoft Corporation。保留所有权利。

尝试新的跨平台 PowerShell https://aka.ms/pscore6

PS C:\webpack-firstdemo> npm run dev

> webpack-firstdemo@1.0.0 dev
> webpack-dev-server --open --config webpack.config.js

<i> [webpack-dev-server] Project is running at:
<i> [webpack-dev-server] Loopback: http://localhost:8080/
<i> [webpack-dev-server] On Your Network (IPv4): http://192.168.1.105:8080/
<i> [webpack-dev-server] Content not from webpack is served from 'C:\webpack-firstdemo\public' directory
asset bundle.js 244 KiB [emitted] (name: main)
runtime modules 27 KiB 12 modules
modules by path ./node_modules/ 161 KiB
  modules by path ./node_modules/webpack-dev-server/client/ 56.8 KiB 12 modules
  modules by path ./node_modules/webpack/hot/*.js 4.3 KiB
    ./node_modules/webpack/hot/dev-server.js 1.59 KiB [built] [code generated]
    + 3 modules
  modules by path ./node_modules/html-entities/lib/*.js 81.3 KiB
    ./node_modules/html-entities/lib/index.js 7.74 KiB [built] [code generated]
    ./node_modules/html-entities/lib/named-references.js 72.7 KiB [built] [code generated]
    + 2 modules
  ./node_modules/ansi-html-community/index.js 4.16 KiB [built] [code generated]
  ./node_modules/events/events.js 14.5 KiB [built] [code generated]
modules by path ./src/*.js 292 bytes
  ./src/main.js 52 bytes [built] [code generated]
  ./src/index.js 240 bytes [built] [code generated]
webpack 5.70.0 compiled successfully in 5112 ms
```

图 9.10　webpack-dev-server 启动界面

webpack-dev-server --open Chrome.exe --config webpack.config.js 命令的参数如下。

--config 是指向 webpack-dev-server 读取配置文件的路径，这里指向上面步骤中创建的 webpack. config.js 文件。

--open 将在执行命令时自动使用 Google 浏览器打开页面（如果 open 后面没有指定浏览器，则使用默认浏览器打开），默认地址是 127.0.0.1:8080，但 IP 和端口号可以修改，示例代码如下。

```
"dev": "webpack-dev-server --host 128.11.11.11 --port 9999 --open --config
webpack.config.js"
```

启动 webpack-dev-server 后，浏览器如果出现如图 9.11 所示的界面，那么可以在 webpack. config.js 文件中添加如下配置项。

```
devServer: {
    static: '../webpack-firstdemo'
}
```

devServer 配置项添加后，在 Terminal 终端执行 npm run dev 命令重新启动 Web 服务器，即可解决如图 9.11 所示的错误。

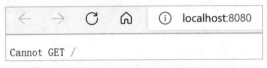

图9.11　Cannot GET 错误

❷ 多起点入口项目的打包

下面由浅入深，按照 9.2.6 节的基本配置，使用 webpack 完成多起点入口项目的打包。

【例 9-2】 webpack 打包示例——多起点入口项目打包。

该实例需要使用 VSCode 打开 ch9_2 目录，并在完成 9.2.3 节～9.2.5 节的基础上进行，其他具体步骤如下：

（1）创建 myindex.js。使用 VSCode 在 ch9_2 目录下创建 src 子目录，并在 src 子目录下创建 myindex.js 文件，具体代码如下：

```javascript
function computer(n, m) {
    document.write("<h2>计算累加和: </h2>");
    for (var i = n, sum = 0; i <= m; i++) {
        sum = sum + i;
    }
    document.write(n + "-" + m + "的累加和为" + sum + "<br>");
}
computer(1,100);
```

（2）创建 mymain.js。在 src 子目录下创建 mymain.js 文件，具体代码如下：

```javascript
function createDate(){
    var mydate = new Date();
    document.write("今天是" + mydate + "<br>");
}
createDate();
```

（3）创建 index.html。在 ch9_2 目录下创建 index.html 文件，具体代码如下：

```html
<!DOCTYPE html>
<html>
<head>
    <meta charset="utf-8">
    <title>webpack 项目打包示例——多起点入口</title>
</head>
<body>
    <script type="text/javascript" src="./dist/myindex-bundle.js"></script>
    <script type="text/javascript" src="./dist/mymain-bundle.js"></script>
</body>
</html>
```

（4）创建配置文件 webpack.config.js。在 ch9_2 目录下创建配置文件 webpack.config.js，具体代码如下：

```javascript
const path = require('path');
module.exports = {
    mode: 'development',
    entry: {
        myindex: './src/myindex.js', //多起点入口文件，key 值 myindex 与 output 中
                                      //filename 的[name]对应
```

```
        mymain: './src/mymain.js'                      //多起点入口文件
    },
    output: {
        path:path.resolve(__dirname,'dist'),   //输出的文件路径，默认为./dist
        publicPath: './dist/',
        filename: '[name]-bundle.js'              //多个输出文件
    },
    devServer: {
        static: '../ch9_2'
    }
}
```

（5）添加快速启动脚本。在 package.json 的 scripts 中添加快速启动 webpack 和 webpack-dev-server 的脚本。

```
"scripts": {
    "build":"webpack",
    "dev": "webpack-dev-server --open --config webpack.config.js",
    "test": "echo \"Error: no test specified\" && exit 1"
}
```

（6）执行 npm run build 命令进行项目的打包。使用 VSCode 打开 ch9_2 项目，在终端执行 npm run build 命令进行项目的打包，打包成功后将在 ch9_2 目录下生成 dist 文件夹，并在该文件夹中生成 myindex-bundle.js 文件和 mymain- bundle.js 文件。

（7）运行 index.html。在 VSCode 中选择"Open with Live Server"菜单项运行 index.html 文件，运行结果如图 9.12 所示。

图 9.12　例 9-2 中 index.html 页面的运行结果

（8）启动 Web 服务器运行 index.html。使用 VSCode 打开 ch9_2 项目，在 Terminal 终端执行 npm run dev 命令启动 Web 服务器，成功启动后将自动打开浏览器运行 index.html 文件。

9.3　加载器与插件

针对不同的模块，webpack 具有不同的加载器，并且 webpack 有丰富的插件接口，这些插件接口使 webpack 变得极其灵活。本节将介绍 webpack 的加载器和插件的用法。

9.3.1　加载器

在默认情况下，webpack 只识别 JavaScript 模块，不能识别.css 文件、.less 文件、.vue

文件、图片、视频等其他模块。webpack 使用加载器的目的就是识别和解析除 JavaScript 模块以外的其他模块。对于不同的模块，需要使用不同的加载器来处理。

当需要使用 webpack 对非 JavaScript 模块进行打包时，需要为其配置对应的加载器，主要通过 module 配置项中的 rules 属性进行读取和解析加载器的配置，rules 的类型是一个数组，数组中的每一项都描述了如何去预处理资源文件。

❶ 加载器的命名方法

在通常情况下，加载器的命名格式是 xxx-loader，其中 xxx 是上下文名称，例如 css、vue 等。加载器的名称如 css-loader、vue-loader 等。

❷ 加载器的安装方法

用户可通过 NPM 安装加载器，示例如下：

```
npm install css-loader --save-dev
npm install style-loader --save-dev
```

❸ 加载器的使用方法

在应用程序中有 3 种使用加载器的方式，具体如下。

（1）在 webpack.config.js 配置文件中指定 loader（推荐）。module 配置项中的 rules 属性可指定多个 loader。这是展示 loader 的一种简明方式，并且可以使代码变得简洁，示例如下：

```
module: {
  rules: [
    {
      test: /\.css$/,
      use: [
        { loader: 'style-loader' },
        {
          loader: 'css-loader',
          options: {
            modules: true
          }
        }
      ]
    }
  ]
}
```

（2）在每个 import 语句中显式指定 loader。用户可以在 import 语句或任何等效于 import 语句的方式中指定 loader，可以使用"!"将资源中的 loader 分开，具体示例如下：

```
import style from 'style-loader!css-loader?modules!./styles.css';
```

上述示例将 styles.css 文件内容先经过 css-loader 处理，然后经过 style-loader 处理，以 <style>标记的形式注入页面的 head 中，其中"!"表示串联使用加载器。

（3）在命令行中指定 loader。用户也可以使用命令行指定 loader，具体示例如下：

```
webpack --module-bind jade-loader --module-bind 'css=style-loader!css-loader'
```

上述示例对.jade 文件使用 jade-loader，对.css 文件使用 style-loader 和 css-loader。

注意：尽可能使用 module 配置项中的 rules 属性指定 loader，因为这样可以减少源代码中的代码量，并且可以在出错时更快地调试和定位 loader 中的问题。

❹ 常见的加载器类型

webpack 加载器分为文件、JSON、脚本转换编译、模板、样式、框架以及清理和测试 7 类，加载器的具体名称和功能如下。

1）文件

（1）raw-loader：加载文件原始内容（utf-8）。

（2）val-loader：将代码作为模块执行，并将 exports 转换为 JS 代码。

（3）url-loader：像 file loader 一样工作，但如果文件的大小小于限制，可以返回 data URL。

（4）file-loader：将文件发送到输出文件夹，并返回（相对）URL。

2）JSON

（1）json-loader：加载 JSON 文件（默认包含）。

（2）json5-loader：加载和转译 JSON 5 文件。

（3）cson-loader：加载和转译 CSON 文件。

3）脚本转换编译

（1）script-loader：在全局上下文中执行一次 JavaScript 文件（例如在<script>标记中），不需要解析。

（2）babel-loader：加载 ES2015+代码，然后使用 Babel 转译为 ES5。

（3）buble-loader：使用 Bublé加载 ES2015+代码，并且将代码转译为 ES5。

（4）traceur-loader：加载 ES2015+代码，然后使用 Traceur 转译为 ES5。

（5）ts-loader 或 awesome-typescript-loader：像 JavaScript 一样加载 TypeScript 2.0+。

（6）coffee-loader：像 JavaScript 一样加载 CoffeeScript。

4）模板

（1）html-loader：导出 HTML 为字符串，需要引用静态资源。

（2）pug-loader：加载 Pug 模板并返回一个函数。

（3）jade-loader：加载 Jade 模板并返回一个函数。

（4）markdown-loader：将 Markdown 转译为 HTML。

（5）react-markdown-loader：使用 markdown-parse parser（解析器）将 Markdown 编译为 React 组件。

（6）posthtml-loader：使用 PostHTML 加载并转换 HTML 文件。

（7）handlebars-loader：将 Handlebars 转译为 HTML。

（8）markup-inline-loader：将内联的 SVG/MathML 文件转换为 HTML，在应用于图标字体或将 CSS 动画应用于 SVG 时非常有用。

5）样式

（1）style-loader：将模块的导出作为样式添加到 DOM 中。

（2）css-loader：解析 CSS 文件后使用 import 加载，并且返回 CSS 代码。

（3）less-loader：加载和转译 LESS 文件。

（4）sass-loader：加载和转译 SASS/SCSS 文件。

（5）postcss-loader：使用 PostCSS 加载和转译 CSS/SSS 文件。

（6）stylus-loader：加载和转译 Stylus 文件。

6）框架

（1）vue-loader：加载和转译 Vue 组件。

（2）polymer-loader：使用选择预处理器（preprocessor）处理，并且 require()类似一等模块（first-class）的 Web 组件。

（3）angular2-template-loader：加载和转译 Angular 组件。

7）清理和测试

（1）mocha-loader：使用 mocha 测试（浏览器/NodeJS）。

（2）eslint-loader PreLoader：使用 ESLint 清理代码。

（3）jshint-loader PreLoader：使用 JSHint 清理代码。

（4）jscs-loader PreLoader：使用 JSCS 检查代码样式。

（5）coverjs-loader PreLoader：使用 CoverJS 确定测试覆盖率。

❺ 加载器的配置

通过 webpack.config.js 配置文件中的 module 配置项的 rules 属性进行读取和解析加载器的配置，rules 属性值是一个对象数组用户在配置时需要注意以下几点：

（1）条件匹配。通过 test、include（包括）、exclude（排除）3 个配置项匹配加载器需要应用的文件，例如 test: ∧ .css$/匹配所有 CSS 文件。

（2）应用规则。对选中后的文件通过 use 配置项应用加载器，可以应用一个加载器或按照从后往前的顺序应用一组加载器，同时还可以分别给加载器传入参数。

（3）重置顺序。在 use:['loader3', 'loader2', 'loader1']配置项中，一组加载器默认是从右向左执行，但通过 enforce 选项可以让某个加载器的执行顺序排在最前(pre)或最后(post)。例如，在某条规则中 use 配置项的后面添加 ",enforce:'pre'"（逗号分隔），则该条规则执行权限前置。

下面由浅入深讲解加载器的使用与配置。

【例 9-3】加载器的使用与配置（有.js 文件、.css 文件和图像文件）。

该实例需要使用 VSCode 打开 ch9_3 目录，并在完成 9.2.3 节～9.2.5 节的基础上进行，其他具体步骤如下：

（1）安装相关加载器。使用 VSCode 打开 ch9_3 目录，在 Terminal 终端安装相关加载。

① 安装样式加载器。处理 CSS 样式文件需要使用 style-loader 和 css-loader 加载器。css-loader 的作用是加载 CSS 文件；style-loader 的作用是使用<style>标记将 css-loader 内部样式注入 HTML 页面中。安装样式加载器的命令如下：

```
npm install css-loader --save-dev
npm install style-loader --save-dev
```

② 安装图像加载器。处理图像文件需要使用 url-loader 和 file-loader 加载器。url-loader 的作用是把图像编码成 base64 格式写入页面，从而减少服务器请求；file-loader 的作用是帮助 webpack 打包处理一系列的图像文件。安装图像加载器的命令如下：

```
npm install url-loader --save-dev
npm install file-loader --save-dev
```

（2）创建样式文件。使用 VSCode 在 ch9_3 目录下创建 css 子目录，并在 css 子目录下创建 style.css，具体代码如下：

```
body{
    font-size: 24px;
    background-color: rgb(166, 255, 0);
}
img {
    width: 300px;
    border: 1x solid blue;
}
```

（3）创建入口文件。使用 VSCode 在 ch9_3 目录下创建 src 子目录，并在 src 子目录下创建 main.js，具体代码如下：

```
import '../css/style.css';                    //导入 CSS 文件
import myimg from '../images/test.jpg';       //导入外部图像
var p = document.createElement('p');          //创建段落
var txt = document.createTextNode('Hello Webpack!');
p.appendChild(txt);                           //给段落标记<p>添加文本
document.body.appendChild(p);                 //将段落添加到 body 中
var youimg = document.createElement('img');
youimg.src = myimg;
document.body.appendChild(youimg);
```

（4）创建 index.html 文件。使用 VSCode 在 ch9_3 目录下创建 index.html 文件，具体代码如下：

```
<!DOCTYPE html>
<html>
<head>
    <meta charset="utf-8">
    <title>webpack 加载器的使用</title>
</head>
<body>
    <script type="text/javascript" src="./dist/bundle.js"></script>
</body>
</html>
```

（5）创建配置文件 webpack.config.js。在 ch9_3 目录下创建配置文件 webpack.config.js，具体代码如下：

```
const path = require('path');
module.exports = {
    mode: 'development',
    entry: './src/main.js',
    output: {
        path: path.resolve(__dirname, 'dist'),
        publicPath: './dist/',
        filename: 'bundle.js'
    },
    module:{
        rules:[
            {
                test: /\.css$/,
                use: [
```

```
                    {
                        loader: 'style-loader'
                    },
                    {
                        loader: 'css-loader'
                    }
                ]
            },
            {
                test: /\.(gif|jpg|jpeg|png)$/,
                use: [
                    {
                        loader: 'url-loader',
                        options: {
                            limit: 10240    //小的图片不用转译，以减少HTTP请求
                        }
                    }
                ]
            }
        ]
    },
    devServer: {
        static: '../ch9_3'
    }
}
```

（6）添加快速启动脚本。在 package.json 的 scripts 中添加快速启动 webpack 和 webpack-dev-server 的脚本：

```
"scripts": {
    "build":"webpack",
    "dev": "webpack-dev-server --open --config webpack.config.js",
    "test": "echo \"Error: no test specified\" && exit 1"
 }
```

（7）执行 npm run build 命令进行项目的打包。使用 VSCode 打开 ch9_3 项目，在终端执行 npm run build 命令进行项目的打包，打包成功后，将在 ch9_3 目录下生成 dist 文件夹，并在该文件夹中生成 bundle.js 文件。

（8）运行 index.html。在 VSCode 中选择"Open with Live Server"菜单项运行 index.html 文件，运行结果如图 9.13 所示。

图 9.13　例 9-3 中 index.html 页面的运行结果

（9）启动 Web 服务器运行 index.html。使用 VSCode 打开 ch9_3 项目，在 Terminal 终端执行 npm run dev 命令启动 Web 服务器，成功启动后将自动打开浏览器运行 index.html 文件。

9.3.2　插件

插件（Plugins）用于实现 webpack 的自定义功能，可实现 Loaders 不能实现的复杂功能。使用 Plugins 的丰富的自定义 API 以及生命周期事件可以控制 webpack 打包流程的每个环节。下面使用 MiniCssExtractPlugin（mini-css-extract-plugin）插件将散落在 ch9_4 目录中的 CSS 文件提取出来，并生成一个 common.css 文件，最终在 index.html 中通过<link>的形式加载它。

【例 9-4】将散落在 ch9_4 目录中的 CSS 文件提取出来。

该实例需要使用 VSCode 打开 ch9_4 目录，并在完成 9.2.3 节～9.2.5 节的基础上进行，其他具体步骤如下：

（1）安装相关插件。使用 VSCode 打开 ch9_4 目录，在 Terminal 终端使用 npm install --save-dev mini-css- extract-plugin 命令安装 mini-css-extract-plugin 插件。

（2）安装相关加载器。使用 VSCode 打开 ch9_4 目录，在 Terminal 终端使用如下命令安装样式加载器：

```
npm install css-loader --save-dev
npm install style-loader --save-dev
```

（3）创建 index.css 文件。使用 VSCode 在 ch9_4 目录下创建 src 子目录，并在 src 子目录下创建 index.css，具体代码如下：

```
body {
    background-color: rgb(171, 226, 43);
}
```

（4）创建 style.css 文件。在 src 子目录下创建 style.css，具体代码如下：

```
div {
    border: 1px;
    width: 200px;
    height: 300px;
    text-align: center;
    background-color: rgb(215, 227, 250);
}
#app{
    font-size: 24px;
    color: #f50;
}
```

（5）创建起点入口文件。在 src 子目录下创建起点入口文件 main.js，具体代码如下：

```
import './style.css'
import './index.css'
```

（6）创建 index.html 文件。使用 VSCode 在 ch9_4 目录下创建 index.html 文件，具体代码如下：

```html
<!DOCTYPE html>
<html>
<head>
    <meta charset="utf-8">
    <title>webpack插件的使用</title>
    <link rel="stylesheet" type="text/css" href="/dist/common.css">
</head>
<body>
    <div id="app">
        Hello Webpack!
    </div>
    <script type="text/javascript" src="/dist/bundle.js"></script>
</body>
</html>
```

（7）创建配置文件 webpack.config.js。在 ch9_4 目录下创建配置文件 webpack.config.js，并在该文件中配置插件，具体代码如下：

```js
const path = require('path');
const MiniCssExtractPlugin = require("mini-css-extract-plugin");
module.exports = {
    mode: 'development',
    entry: './src/main.js',
    output: {
        path: path.resolve(__dirname, 'dist'),
        publicPath: './dist/',
        filename: 'bundle.js'
    },
    module:{
        rules:[
            {
                test: /\.css$/,
                use: [ MiniCssExtractPlugin.loader, "css-loader"],
            }
        ]
    },
    plugins: [
        new MiniCssExtractPlugin({
                filename: 'common.css'        //导出的文件名
            }),
        ],
    devServer: {
        static: '../ch9_4'
    }
}
```

（8）添加快速启动脚本。在 package.json 的 scripts 中添加快速启动 webpack 和 webpack-dev-server 的脚本。

```
"scripts": {
  "build":"webpack",
  "dev": "webpack-dev-server --open --config webpack.config.js",
  "test": "echo \"Error: no test specified\" && exit 1"
}
```

（9）执行 npm run build 命令进行项目的打包。使用 VSCode 打开 ch9_4 项目，在终端执行 npm run build 命令进行项目的打包，打包成功后将在 ch9_4 目录下生成 dist 文件夹，并在该文件夹中生成 bundle.js 文件和 common.css 文件。

（10）运行 index.html。在 VSCode 中选择"Open with Live Server"菜单项运行 index.html 文件，运行结果如图 9.14 所示。

图 9.14　例 9-4 中 index.html 页面的运行结果

（11）启动 Web 服务器运行 index.html。使用 VSCode 打开 ch9_4 项目，在 Terminal 终端执行 npm run dev 命令启动 Web 服务器，成功启动后将自动打开浏览器运行 index.html 文件。

webpack 有着丰富的插件接口，其具体使用方法与 MiniCssExtractPlugin 插件类似，读者可参考 webpack 官方文档（https://webpack.js.org/plugins/）进行学习。

9.4　单文件组件与 vue-loader

扫一扫

视频讲解

　　Vue.js 是一个渐进式的 JavaScript 框架，在使用 webpack 构建 Vue 应用时可以使用一种新的构建模式——.vue 单文件组件。

　　.vue 是 Vue.js 自定义的一种文件格式，一个.vue 文件就是一个单独的组件，在文件内封装了组件的相关代码。

　　.vue 文件由 3 个部分组成，即<template>、<style>和<script>，示例代码如下：

```
<template>
    html
```

```
    </template>
    <style>
        css
    </style>
    <script>
        js
</script>
```

但是浏览器本身并不识别.vue 文件，因此必须对.vue 文件进行加载解析，此时需要使用 webpack 的 vue-loader 加载器。下面通过一个实例讲解如何使用 vue-loader 实现单文件组件。

【例 9-5】使用 vue-loader 实现单文件组件。

该实例需要使用 VSCode 打开 ch9_5 目录，并在完成 9.2.3 节～9.2.5 节的基础上进行，其他具体步骤如下：

（1）安装开发依赖。在使用 vue-loader 加载解析.vue 文件时需要使用 vue-template-compiler 编译器将模板内容预编译为 JavaScript 渲染函数。在安装 Vue、vue-loader 以及 vue-template-compiler 依赖时要保证版本一致（编写本书时还没有对应 Vue3 的 vue-template-compiler，因此本节使用的是 Vue2）。进入 ch9_5 目录按照以下命令安装依赖。

```
npm install vue@2.6.14 vue-loader@15.9.6 vue-template-compiler@2.6.14 --save-dev
```

（2）创建配置文件 webpack.config.js。在 ch9_5 目录下创建配置文件 webpack.config.js，并在该文件中配置 vue-loader 和 VueLoaderPlugin，具体代码如下：

```
const path = require('path')
const VueLoaderPlugin = require('vue-loader/lib/plugin')
const config = {
    mode: 'development',
    entry: {
        main:'./main.js'
    },
    output: {
        path: path.resolve(__dirname, 'dist'),
        publicPath: '/dist/',
        filename: 'bundle.js'
    },
    module:{
        rules:[
            {
                test: /\.vue$/,
                loader: 'vue-loader'
            }
        ]
    },
    plugins: [
        //请确保引入该插件
        new VueLoaderPlugin()
    ],
    devServer: {
```

```
        static: '../ch9_5'
    }
}
module.exports = config
```

（3）创建 app.vue 文件。在 ch9_5 目录下创建 app.vue 文件作为根实例组件，具体代码如下：

```
<template>
    <div>
        你好，{{vname}}
    </div>
</template>
<script>
    export default {
        data(){
            return {
                vname: 'Vue'
            }
        }
    }
</script>
```

（4）创建起点入口文件。在 ch9_5 目录下创建起点入口文件 main.js，具体代码如下：

```
/*
//下面是 Vue3 的写法
//导入 Vue 框架中的 createApp 方法，在 Vue3 中不能全局导入 Vue
import {createApp} from 'vue'
//导入 app.vue 组件
import App from './app.vue'
//创建 Vue 根实例
createApp(App).mount("#app")
*/
//下面是 Vue2 的写法
import Vue from 'vue'
//导入 app.vue 组件
import App from './app.vue'
//创建 Vue 根实例
const vm = new Vue({
    //指定 vm 实例要控制的页面区域
    el: '#app',
    //通过 render 函数把指定的组件渲染到 el 区域中
    render: h => h(App)
    /**
     * 相当于 render: function(h){
     *     return h(app)
     * }
     */
})
```

（5）创建 index.html 文件。在 ch9_5 目录下创建 index.html 文件，具体代码如下：

```html
<!DOCTYPE html>
<html>
<head>
    <meta charset="utf-8">
    <title>使用 vue-loader</title>
    <style>
        div {
            color: red;
            font-size: 40pt;
        }
    </style>
</head>
<body>
    <div id="app">
        Hello Webpack!
    </div>
    <script type="text/javascript" src="/dist/bundle.js"></script>
</body>
</html>
```

（6）添加快速启动脚本。在 package.json 的 scripts 中添加快速启动 webpack 和 webpack-dev-server 的脚本。

```json
"scripts": {
  "build":"webpack",
  "dev": "webpack-dev-server --open --config webpack.config.js",
  "test": "echo \"Error: no test specified\" && exit 1"
 }
```

（7）执行 npm run build 命令进行项目的打包。使用 VSCode 打开 ch9_5 项目，在终端执行 npm run build 命令进行项目的打包，打包成功后将在 ch9_5 目录下生成 dist 文件夹，并在该文件夹中生成 bundle.js 文件。

（8）运行 index.html。在 VSCode 中选择 "Open with Live Server" 菜单项运行 index.html 文件，运行结果如图 9.15 所示。

图 9.15　例 9-5 中 index.html 页面的运行结果

（9）启动 Web 服务器运行 index.html。使用 VSCode 打开 ch9_5 目录，在 Terminal 终端执行 npm run dev 命令启动 Web 服务器，成功启动后将自动打开浏览器运行 index.html 文件。

下面在 ch9_5 目录中创建 input.vue 文件，具体代码如下：

```html
<template>
  <div>
```

```
        <input v-model="uname">
        <p>输入的用户名是：{{ uname }}</p>
    </div>
</template>
<script>
export default {
  props: {
      uname: {
          type: String
      }
    }
}
</script>
```

在根实例组件 app.vue 中导入 input.vue 组件，修改后的 app.vue 代码如下：

```
<template>
    <div>
        你好，{{vname}}
        <!--使用子组件 vInput 渲染-->
        <v-input></v-input>
    </div>
</template>
<script>
    import vInput from './input.vue'
    export default {
        data(){
            return {
                vname: 'Vue'
            }
        },
        components: {       //vInput 作为根组件的子组件
            vInput
        }
    }
</script>
```

在 ch9_5 项目的终端执行 npm run dev 命令，运行结果如图 9.16 所示。

图 9.16 渲染两个组件内容

从图 9.16 可以看出在 index.html 中渲染了多个组件内容，这就是一个简单的单页面应用，即仅有 index.html 页面。

　　在本书提供的源代码中,读者可使用 VSCode 打开本章对应的代码目录,并在 Terminal 终端执行 npm install 命令自动安装所有的依赖,然后执行 npm run dev 命令启动服务运行本章的例子。

本 章 小 结

　　现在模块化、组件化的前端开发已成为主流思想。webpack 是一个用于 JavaScript 应用程序的静态模块打包工具。在 webpack 中,一张图片、一个.css 文件等都被称为模块,并彼此存在依赖关系。webpack 根据模块的依赖关系进行静态分析,然后将这些模块按照指定的规则生成对应的静态资源。使用 webpack 的目的就是处理模块间的依赖关系,并将它们进行打包。

　　本章重点介绍了 webpack 的工作流程、基础配置、加载器配置、插件配置和使用 vue-loader 构建 Vue.js 应用。

习 题 9

　　1. 单文件组件的扩展名是（　　）。

　　A．.html　　　　　　B．.vue　　　　　　C．.js　　　　　　D．.view

　　2. 简述 export default 与 export 的区别。

　　3. 简述使用 webpack 构建 Vue.js 应用的具体步骤。

　　4. 举例说明打包单起点入口项目与多起点入口项目时 webpack 基本配置的区别。

第 **10** 章 Vue Router

学习目的与要求

本章主要讲解了 Vue Router 的基本用法。通过本章的学习，希望读者掌握如何使用 Vue CLI 脚手架搭建 Vue.js 项目，掌握 Vue Router 的基本用法和高级应用以及路由钩子函数的使用。

本章主要内容

❖ Vue Router 的安装

❖ Vue Router 的基本用法

❖ Vue Router 的高级应用

❖ 路由钩子函数

Vue Router 是 Vue.js 的一个核心插件，是 Vue.js 官方的路由管理器，可以动态加载不同的组件。

10.1　什么是路由

路由本是一个网络工程术语，是指分组从源到目的地时决定端到端路径的网络范围的进程。在 Web 前端单页应用中，路由描述的是 URL 与 UI 之间的映射关系，这种映射是单向的，即 URL 变化引起 UI 更新（无须刷新页面）。

Vue Router 是 Vue.js 官方的路由管理器，它和 Vue.js 的核心深度集成，使构建单页应用变得更加容易。Vue Router 包含的功能如下：

（1）嵌套路由映射。

（2）动态路由选择。

（3）模块化、基于组件的路由配置。

（4）路由参数、查询、通配符。

（5）展示由 Vue.js 的过渡系统提供的过渡效果。

（6）细粒度的导航控制。

（7）自动激活 CSS 类的链接。

（8）HTML5 History 模式或 Hash 模式。

（9）可定制的滚动行为。

（10）URL 的正确编码。

扫一扫

视频讲解

10.2　Vue Router 的安装

将 Vue Router 添加到项目中主要有 4 种方法，即本地独立版本方法、CDN 方法、NPM 方法和命令行工具（Vue CLI）方法。

❶ 本地独立版本方法

用户可通过地址"https://unpkg.com/vue-router@next"将最新版本的 Vue Router 库（vue-router.global.js）下载到本地（在页面上右击，在弹出的快捷菜单中选择"另存为"命令），在编写本书时其最新版本是 4.0.13。然后在界面文件中引入 vue-router.global.js 库，示例代码如下：

```
<script src="js/vue-router.global.js"></script>
```

❷ CDN 方法

用户可以在界面文件中通过 CDN（Content Delivery Network，内容分发网络）引入最新版本的 Vue Router 库，示例代码如下：

```
<script src="https://unpkg.com/vue-router@next"></script>
```

对于生产环境，建议使用固定版本，以免因版本不同带来兼容性问题，示例代码如下：

```
<script src="https://unpkg.com/vue-router@4.0.13/dist/vue-router.global.js">
    </script>
```

❸ **NPM 方法**

在使用 Vue.js 构建大型应用时推荐使用 NPM 安装最新稳定版的 Vue Router，因为 NPM 能很好地和 webpack 模块打包器配合使用，示例代码如下：

```
npm install vue-router@next
```

❹ **命令行工具（Vue CLI）方法**

在 9.4 节使用 webpack 搭建单页应用程序时安装了许多插件并编写了复杂的项目配置，大大降低了开发效率。为提高单页应用程序的开发效率，下面开始使用 Vue CLI（Vue 脚手架）搭建 Vue.js 项目。

Vue CLI 是一个基于 Vue.js 进行快速开发的完整系统，提供了如下功能：

（1）通过@vue/cli 实现交互式项目脚手架。

（2）通过@vue/cli + @vue/cli-service-global 实现零配置原型开发。

（3）一个运行时依赖@vue/cli-service，该依赖可升级，基于 webpack 构建，并带有合理的默认配置；可通过项目的配置文件进行配置；可通过插件进行扩展。

（4）一个丰富的官方插件集合，集成了前端生态工具。

（5）一套创建和管理 Vue.js 项目的用户界面。

Vue CLI 致力于将 Vue.js 生态工具基础标准化，确保各种构建工具平稳衔接，让开发者专注在撰写应用上，而不必纠结配置的问题。下面讲解如何安装 Vue CLI 以及如何使用 Vue CLI 创建 Vue.js 项目，具体步骤如下：

（1）全局安装 Vue CLI。打开 cmd 命令行窗口，输入命令 npm install -g @vue/cli 全局安装 Vue 脚手架，输入命令 vue --version 查看版本（测试是否安装成功）。如果需要升级全局的 Vue CLI，在 cmd 命令行窗口中运行 npm update -g @vue/cli 命令即可。

（2）打开图形化界面。安装成功后，在命令行窗口中继续输入命令 vue ui 打开一个浏览器窗口，并以图形化界面引导至项目创建的流程，如图 10.1 所示。

（3）创建项目。在图 10.1 中单击"创建"按钮进入创建项目界面，如图 10.2 所示。

在图 10.2 中输入并选择项目位置信息，然后单击"+在此创建新项目"按钮进入项目详情界面，如图 10.3 所示。

图 10.1　Vue CLI 图形化界面

图 10.2　创建项目界面

图 10.3　项目详情界面

在图 10.3 中输入并选择项目相关信息，然后单击"下一步"按钮进入项目预设界面，接着选择手动，单击"下一步"按钮进入项目功能界面，在项目功能界面中激活 Router 选项，安装 vue-router 插件为本节后续内容做准备，如图 10.4 所示。

在图 10.4 中单击"下一步"按钮进入项目配置界面，配置后单击"创建项目"按钮即可完成项目 router-demo 的创建（可能需要一定的创建时间），如图 10.5 所示。

图 10.4　项目功能界面

图 10.5　项目配置界面

（4）使用 VSCode 打开项目。使用 VSCode 打开第 3 步创建的项目 router-demo，打开后在终端输入 npm run serve 命令启动服务，如图 10.6 所示。

（5）运行项目。在浏览器的地址栏中访问 http://localhost:8080/ 即可运行项目 router-demo，如图 10.7 所示。

图 10.6　启动服务

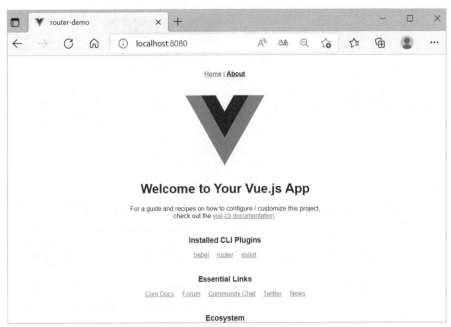

图 10.7　运行项目

在通过 http://localhost:8080/访问时，打开的页面是 public 目录下的 index.html。index.html 是一个普通的 HTML 文件，让它与众不同的是 "<div id="app"></div>" 这句程序，下面有一行注释，构建的文件将会被自动注入，也就是说用户编写的其他内容都将在这个 div 中显示。另外，整个项目只有这一个 HTML 文件，所以这是一个单页应用。当用户打开这个应用时，表面上可以看到很多页面，实际上它们都在这一个 div 中显示。

在 main.js 中创建了一个 Vue 对象。该 Vue 对象的挂载目标是 "#app"（与 index.html 中的 id="app"对应）；router 代表该对象包含 Vue Router，并使用项目中定义的路由（在 src/router 目录下的 index.js 文件中定义）。

综上所述，main.js 与 index.html 是项目启动时首先加载的页面资源与 JS 资源，App.vue 则是 vue 页面资源的首加载项，称为根组件。Vue 项目的具体执行过程如下：首先启动项目，找到 index.html 与 main.js，执行 main.js（入口程序），根据 import 加载 App.vue 根组件；然后将组件内容渲染到 index.html 中 id="app"的 DOM 元素上。

10.3　Vue Router 的基本用法

在使用 Vue Router 动态加载不同组件时需要将组件（Components）映射到路由（Routers），然后告诉 Vue Router 在哪里显示它们。

10.3.1　跳转与传参

❶ 跳转

Vue Router 有两种跳转，第一种是使用内置的<router-link>组件，默认渲染一个<a>标签。示例代码如下：

```
<div id="nav">
    <router-link to="/">第一个页面</router-link> |
    <router-link to="/MView2">第二个页面</router-link>
</div>
```

<router-link>组件和一般组件一样，to 是一个 prop，指定跳转的路径。使用<router-link>组件，在 HTML5 的 History 模式下将拦截点击，避免浏览器重新加载页面。<router-link>组件还有如下常用属性。

（1）tag 属性：指定渲染的标签，例如<router-link to="/" tag="li">渲染的结果是<li>而不是<a>。

（2）replace 属性：使用 replace 不会留下 History 记录，所以导航后不能用后退键返回上一个页面，例如<router-link to="/" replace>。

Vue Router 的第二种跳转方式需要在 JavaScript 中进行，类似于 window.location.href。这种方式需要使用 router 实例方法 push 或 replace。例如，在 MView1.vue 中通过单击事件跳转，示例代码如下：

```
<template>
  <div>第一个页面</div>
  <button @click="goto">去第二个页面</button>
</template>
<script>
export default {
  methods: {
    goto() {
      //也可以使用 replace 方法，和 replace 属性一样不会向 History 添加新记录
      this.$router.push('/MView2')
    }
  }
}
</script>
```

❷ 传参

路由传参一般有两种方式——query 和 params，不管采用哪种方式都是通过修改 URL 来实现。

1）query 传参

query 传参的示例代码如下：

```
<router-link to="/?id=888&pwd=999">
```

通过$route.query 获取路由中的参数，示例代码如下：

```
<h4>id: {{$route.query.id}}</h4>
<h4>pwd: {{$route.query.pwd}}</h4>
```

2）params 传参

在路由规则中定义参数，修改路由规则的 path 属性（动态匹配），示例代码如下：

```
{
path: '/:id/:pwd',
name: 'MView1',
component: MView1
}
<router-link to="/888/999">
```

通过$route.params 获取路由中的参数，示例代码如下：

```
<h4>id: {{$route.params.id}}</h4>
<h4>pwd: {{$route.params.pwd}}</h4>
```

10.3.2　配置路由

路由配置通常在前端工程项目的 src/router/index.js 文件中进行，首先需要在前端工程项目的 src/main.js 和 src/router/index.js 文件中分别导入 vue 和 vue-router 模块，并在 main.js 中执行 use 方法注册路由。

main.js 的示例代码如下：

```
import {createApp} from 'vue'
import App from './App.vue'
import router from './router' //导入 router 目录中的 index.js，路由的创建与配置
                                在该文件中
//将 router 注册到根实例 App
createApp(App).use(router).mount('#app')
```

index.js 的示例代码如下：

```
import {createRouter, createWebHistory} from 'vue-router'
//导入组件
import HomeView from '../views/HomeView.vue'
//定义路由
const routes = [
  {
```

```
    path: '/',
    name: 'home',
    component: HomeView
  },
  {
    path: '/about',
    name: 'about',
    //导入组件
    component: () => import('../views/AboutView.vue')
  }
]
//创建路由实例router（管理路由），传入routes配置
const router = createRouter({
  //用createWebHistory()创建HTML5模式，推荐使用这个模式
  history: createWebHistory(process.env.BASE_URL),
  routes
})
export default router
```

下面通过实例讲解路由的跳转、传参以及配置过程。

【例 10-1】Vue Router 实战——3 个组件间的跳转与传参。

本实例在 10.2 节 Vue Router 项目 router-demo 的基础上进行，其他步骤具体如下：

（1）创建共通组件 CommonView.vue。在 router-demo/src/components 目录下创建信息显示共通组件 CommonView.vue，具体代码如下：

```
<template>
  <div>
    <img alt="Vue logo" src="../assets/logo.png">
    <h1>{{msg}}</h1>
  </div>
</template>
<script>
export default {
  name: 'CommonView',
  props: {
    msg: String
  }
}
</script>
```

（2）创建视图组件 FirstView.vue。在 router-demo/src/views 目录下创建视图组件 FirstView.vue，在该视图组件中使用 CommonView.vue 组件显示信息，并通过$route.query 获取路由中的参数，具体代码如下：

```
<template>
  <div>
    <CommonView msg="欢迎来访第一个 View"/>
    <br>
    <h4>uname: {{$route.query.uname}}</h4>
    <h4>pwd: {{$route.query.pwd}}</h4>
  </div>
```

```
</template>
<script>
import CommonView from '@/components/CommonView.vue'
export default {
  name: 'FirstView',
  components: {
    CommonView
  }
}
</script>
```

（3）创建视图组件 SecondView.vue。在 router-demo/src/views 目录下创建视图组件 SecondView.vue，在该视图组件中使用 CommonView.vue 组件显示信息，并通过$route.params 获取路由中的参数，具体代码如下：

```
<template>
  <div>
    <CommonView msg="欢迎来访第二个 View"/>
    <br>
    <h4>uname: {{$route.params.uname}}</h4>
    <h4>pwd: {{$route.params.pwd}}</h4>
  </div>
</template>
<script>
import CommonView from '@/components/CommonView.vue'
export default {
  name: 'SecondView',
  components: {
    CommonView
  }
}
</script>
```

（4）修改根组件 App.vue。在根组件 App.vue 中通过路由跳转组件<router-link>跳转到视图组件 FirstView.vue 和 SecondView.vue，并传递参数，具体代码如下：

```
<template>
  <nav>
    <router-link to="/first?uname=chenheng&pwd=123456">第一个页面
    </router-link> |
    <router-link to="/second/chenheng1/654321">第二个页面</router-link>
  </nav>
  <!--router-view 表示路由出口，将匹配到的组件（相当于链接的页面）渲染在这里-->
  <router-view/>
</template>
<style>
#app {
  font-family: Avenir, Helvetica, Arial, sans-serif;
  -webkit-font-smoothing: antialiased;
  -moz-osx-font-smoothing: grayscale;
  text-align: center;
  color: #2c3e50;
}
```

```
nav {
  padding: 30px;
}
nav a {
  font-weight: bold;
  color: #2c3e50;
}
nav a.router-link-exact-active {
  color: #42b983;
}
</style>
```

（5）配置路由。在 router-demo/src/router/index.js 文件中配置根组件 App.vue 中的路由，具体代码如下：

```
import {createRouter, createWebHistory} from 'vue-router'
//导入组件
import SecondView from '../views/SecondView.vue'
//定义路由
const routes = [
  {
    path: '/first',
    name: 'first',
    //导入组件
    component: () => import('../views/FirstView.vue')
  },
  {
    path: '/second/:uname/:pwd',
    name: 'second',
    //导入组件
    component: SecondView
  }
]
//创建路由实例router（管理路由），传入routes配置
const router = createRouter({
  history: createWebHistory(process.env.BASE_URL),
  routes
})
export default router
```

（6）运行测试。首先在项目 router-demo 的 Terminal 终端输入 npm run serve 命令启动服务，然后在浏览器的地址栏中输入 http://localhost:8080/，运行效果如图 10.8 所示。

图 10.8　例 10-1 的首页面

单击图 10.8 中的"第一个页面"超链接，打开第一个视图组件，如图 10.9 所示。
单击图 10.8 中的"第二个页面"超链接，打开第二个视图组件，如图 10.10 所示。

图 10.9　例 10-1 的第一个视图组件

图 10.10　例 10-1 的第二个视图组件

10.4　Vue Router 的高级应用

10.4.1　动态路由匹配

当需要将符合某种匹配模式的所有路由映射到同一个组件时，可以在路由路径中使用
动态路径参数（例如 path: '/user/:uname/:pwd'）实现。示例代码如下：

```
//定义路由
const routes = [
  {
    path: '/user/:uname/:pwd',
    name: 'user',
    component: UserView
  }
]
```

在上述示例代码中，定义路由后，/user/zhangsan/123456、/user/lisi/654321 等用户请求路径都将映射到相同的路由。

每一个动态路径参数使用冒号（:）标记，冒号后面是参数名。当匹配到一个路由时，参数值将被设置到$route.params 中，并可以在路由对应的组件内使用"$route.params.参数名"获得参数值。

如果有多个参数，即多个冒号，则$route.params 中保存为对象。例如，路由路径 path 为/user/:uname/:pwd，则对应的访问路径为/user/zhangsan/123456，$route.params 中的对象为{uname: 'zhangsan', pwd: '123456'}。另外，用户也可以使用 post 进行多个动态参数的传递。例如，路由路径 path 为/user/:uname/post/:pwd/post/:age，则对应的访问路径为/user/:lisi/post/:654321/post/:18，$route.params 中的对象为{ uname: 'lisi', pwd: '123456', age: '18'}。

$route 路由信息对象表示当前激活的路由状态信息，每次成功导航后都将产生一个新的对象。除了$route.params 以外，$route 对象还提供了其他许多有用的信息，如表 10.1 所示。

表 10.1 $route 路由信息对象的属性

序号	属性名称	说　　明
1	$route.path	对应当前路由的路径，例如/third/:张三/post/:654321/post/:18
2	$route.params	一个 key:value 对象，包含所有动态参数，如果没有参数，则是一个空对象，例如{ "uname": ":张三", "pwd": ":654321", "age": ":18" }
3	$route.query	一个 key:value 对象，表示 URL 查询参数。例如/first?uname=chenheng&pwd= 123456，则有$route.query.uname 为 chenheng。如果没有查询参数，则是空对象
4	$route.hash	当前路由的哈希值（不带#），如果没有哈希值，则为空字符串
5	$route.fullPath	完成解析后的 URL，包含查询参数和哈希的完整路径
6	$route.matched	返回数组，包含当前匹配的路径中包含的所有片段对应的配置
7	$route.name	当前路径名称
8	$route.meta	路由元信息

【例 10-2】Vue Router 实战——$route 对象的属性。

本实例在例 10-1 的基础上进行，其他步骤具体如下。

（1）修改根组件 App.vue。在根组件 App.vue 中使用<router-link>添加路由链接，并在该路由链接中使用 post 进行多个动态参数的传递。修改后的 App.vue 的具体代码如下：

```
<template>
  <nav>
```

```
<router-link to="/first?uname=chenheng&pwd=123456">第一个页面
</router-link> |
<router-link to="/second/chenheng1/654321">第二个页面</router-link>|
<router-link to="/third/:张三/post/:654321/post/:18">第三个页面
</router-link>
</nav>
<router-view/>
</template>
```

（2）创建视图组件 ThirdView.vue。在 router-demo/src/views 目录下创建视图组件 ThirdView.vue，在该视图组件中使用 CommonView.vue 组件显示信息，并显示$route 对象的各种属性值，具体代码如下：

```
<template>
  <div>
    <CommonView msg="欢迎来访第三个 View"/>
    <br>
    <h4>uname: {{$route.params.uname}}</h4>
    <h4>pwd: {{$route.params.pwd}}</h4>
    <h4>age: {{$route.params.age}}</h4>
    <h4>route 的 path: {{$route.path}}</h4>
    <h4>route 的 params: {{$route.params}}</h4>
    <h4>route 的 query: {{$route.query}}</h4>
    <h4>route 的 hash: {{$route.hash}}</h4>
    <h4>route 的 fullPath: {{$route.fullPath}}</h4>
    <h4>route 的 matched: {{$route.matched}}</h4>
    <h4>route 的 name: {{$route.name}}</h4>
    <h4>route 的 meta: {{$route.meta}}</h4>
  </div>
</template>
<script>
import CommonView from '@/components/CommonView.vue'
export default {
  name: 'ThirdView',
  components: {
    CommonView
  }
}
</script>
```

（3）添加路由配置。在 router-demo/src/router/index.js 文件中添加路径/third/:张三/post/:654321/ post/:18 对应的路由配置，具体代码如下：

```
import {createRouter, createWebHistory} from 'vue-router'
//导入组件
import SecondView from '../views/SecondView.vue'
import ThirdView from '../views/ThirdView.vue'
//定义路由
const routes = [
  {
    path: '/first',
    name: 'first',
    //导入组件
    component: () => import('../views/FirstView.vue')
  },
```

```
  {
    path: '/second/:uname/:pwd',
    name: 'second',
    //导入组件
    component: SecondView
  },
  {
    path: '/third/:uname/post/:pwd/post/:age',
    name: 'third',
    //导入组件
    component: ThirdView
  }
]
//创建路由实例router（管理路由），传入routes配置
const router = createRouter({
  history: createWebHistory(process.env.BASE_URL),
  routes
})
export default router
```

（4）运行测试。首先在项目 router-demo 的 Terminal 终端输入 npm run serve 命令启动服务，然后在浏览器的地址栏中输入 http://localhost:8080/，运行效果如图 10.11 所示。

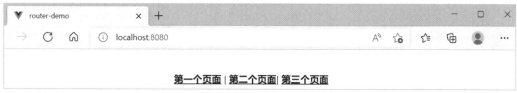

图 10.11　例 10-2 的首页面

单击图 10.11 中的"第三个页面"超链接，打开第三个视图组件，如图 10.12 所示。

图 10.12　例 10-2 的第三个视图组件

10.4.2　嵌套路由

嵌套路由，即路由的多层嵌套，也称为子路由。在实际应用中，嵌套路由相当于多级菜单，例如一级菜单下有二级菜单，二级菜单下有三级菜单等。

创建嵌套路由的步骤一般如下。

首先在根组件 App.vue 中定义基础路由（相当于一级菜单）导航，示例代码如下：

```html
<nav>
  <router-link to="/">首页</router-link> |
  <router-link to="/about">关于我们</router-link> |
  <router-link to="/product">产品介绍</router-link>
</nav>
```

然后定义基础路由 product 对应的组件（ProductView.vue），示例代码如下：

```html
<template>
  <div>
    <p>
      <!--为"产品介绍"定义了嵌套路由-->
      <router-link to="/product/alldev">全栈开发</router-link> |
      <router-link to="/product/JavaEE">Java EE 整合开发</router-link> |
      <router-link to="/product/SpringBoot">Spring Boot 开发</router-link>
    </p>
    <router-view/>
  </div>
</template>
```

最后完成所有嵌套路由组件的定义，并在 router/index.js 文件中定义嵌套路由，在基础路由 product 的定义中使用 children 属性定义嵌套的子路由，示例代码如下：

```js
{
  path: '/product',
  name: 'product',
  component: ProductView,
  children:[          //子路由
    {
      path: '',       //空子路由为基础路由的默认显示
      component: () => import('../views/AlldevView.vue')
    },
    {
      path: 'alldev',  //注意这里没有'/'
      component: () => import('../views/AlldevView.vue')
    },
    {
      path: 'JavaEE',
      component: () => import('../views/JavaEEView.vue')
    },
    {
      path: 'SpringBoot',
      component: () => import('../views/SpringBoot.vue')
    }
  ]
}
```

下面通过一个实例讲解嵌套路由的实现过程。

【例 10-3】Vue Router 实战——嵌套路由的实现过程。

本实例在 Vue Router 项目 nested-routes 的基础上进行，其他步骤具体如下。

（1）修改根组件 App.vue。在根组件 App.vue 中使用<router-link>添加基础路由链接，修改后的 App.vue 的具体代码如下：

```
<template>
  <h1>嵌套路由</h1>
  <nav>
    <router-link to="/">首页</router-link> |
    <router-link to="/about">关于我们</router-link> |
    <router-link to="/product">产品介绍</router-link>
  </nav>
  <router-view class="my-view"> </router-view>
</template>
<style>
  #app {
    font-family: Avenir, Helvetica, Arial, sans-serif;
    -webkit-font-smoothing: antialiased;
    -moz-osx-font-smoothing: grayscale;
    text-align: center;
    color: #2c3e50;
  }
  nav {
    padding: 30px;
  }
  nav a {
    font-weight: bold;
    color: #2c3e50;
  }
  nav a.router-link-exact-active {
    color: #42b983;
  }
  .my-view {
    width: 500px;
    margin: 0 auto;
    text-indent: 2em;
    text-align: left;
    padding: 5px 10px;
    border: 1px dashed #42b983;
  }
</style>
```

（2）创建视图组件 ProductView.vue。在 nested-routes/src/views 目录下创建视图组件 ProductView.vue，在该视图组件中定义嵌套路由，具体代码如下：

```
<template>
  <div>
    <p>
      <!--定义嵌套路由-->
      <router-link to="/product/alldev">全栈开发</router-link> |
      <router-link to="/product/JavaEE">Java EE 整合开发</router-link> |
      <router-link to="/product/SpringBoot">Spring Boot 开发</router-link>
    </p>
```

```
        <router-view/>
    </div>
</template>
<style scoped>
    p a {
        text-decoration: none;
    }
</style>
```

（3）创建视图组件 AlldevView.vue、JavaEEView.vue 和 SpringBoot.vue。在 nested-routes/src/views 目录下分别创建子路由 alldev、JavaEE 和 SpringBoot 对应的视图组件 AlldevView.vue、JavaEEView.vue 和 SpringBoot.vue。

AlldevView.vue 的代码如下：

```
<template>
    <div>
        <img alt="alldev" src="../images/091883-all.jpg" width="200" height="300">
    </div>
</template>
```

JavaEEView.vue 的代码如下：

```
<template>
    <div>
        <img alt="javaee" src="../images/079720-javaee.jpg" width="200"
         height="300">
    </div>
</template>
```

SpringBoot.vue 的代码如下：

```
<template>
    <div>
        <img alt="springboot" src="../images/083960-springboot.jpg" width="200"
         height="300">
    </div>
</template>
```

（4）添加路由配置。在 nested-routes/src/router/index.js 文件中定义基础路由 product，在基础路由 product 的定义中使用 children 属性定义嵌套的子路由，具体代码如下：

```
import {createRouter, createWebHistory} from 'vue-router'
import HomeView from '../views/HomeView.vue'
import ProductView from '../views/ProductView.vue'
const routes = [
  {
    path: '/',
    name: 'home',
    component: HomeView
  },
  {
    path: '/about',
    name: 'about',
    component: () => import('../views/AboutView.vue')
  },
```

```
{
  path: '/product',
  name: 'product',
  component: ProductView,
  children:[          //子路由
    {
      path: '',       //空子路由为基础路由的默认显示
      component: () => import('../views/AlldevView.vue')
    },
    {
      path: 'alldev', //注意这里没有'/'
      component: () => import('../views/AlldevView.vue')
    },
    {
      path: 'JavaEE',
      component: () => import('../views/JavaEEView.vue')
    },
    {
      path: 'SpringBoot',
      component: () => import('../views/SpringBoot.vue')
    }
  ]
}
]
const router = createRouter({
  history: createWebHistory(process.env.BASE_URL),
  routes
})
export default router
```

（5）运行测试。首先在项目 nested-routes 的 Terminal 终端输入 npm run serve 命令启动服务，然后在浏览器的地址栏中输入 http://localhost:8080/，运行效果如图 10.13 所示。

图 10.13　例 10-3 的首页面

单击图 10.13 中的"产品介绍"超链接，打开空子路由对应的 AlldevView.vue 视图组件，如图 10.14 所示。

图 10.14　默认显示空子路由对应的视图组件

单击图 10.14 中的"Java EE 整合开发"超链接在子路由上切换导航，导航到"Java EE 整合开发"视图组件，如图 10.15 所示。

图 10.15　"Java EE 整合开发"视图组件

单击图 10.14 中的"Spring Boot 开发"超链接在子路由上切换导航,导航到"Spring Boot 开发"视图组件,如图 10.16 所示。

图 10.16 "Spring Boot 开发"视图组件

10.4.3　编程式导航

用户除了可以使用内置的<router-link>组件渲染一个<a>标签定义导航链接外,还可以通过编程调用路由(router 或 this.$router)的实例方法实现导航链接。导航常用的路由实例方法如表 10.2 所示。

表 10.2　导航常用的路由实例方法

序号	方法名称	功 能 说 明
1	push()	跳转到由参数指定的新路由地址,在历史记录中添加一条新记录
2	replace()	跳转到由参数指定的新路由地址,替换当前的历史记录
3	go(n)	n 为整数,在历史记录中向前或后退 n 步
4	forward()	在历史记录中向前一步,相当于 this.$router.go(1)
5	back()	在历史记录中后退一步,相当于 this.$router.go(−1)

push()方法和 replace()方法的用法相似,唯一不同的是 push()方法在历史记录中添加一条新记录,replace()方法不会添加新记录,而是替换当前记录。

push()方法和 replace()方法的参数可以是字符串路由、对象、命名路由、带查询参数等多种形式,示例如下:

```
//字符串路由 path
this.$router.push('/')
//对象
```

```
this.$router.push({path: '/product'})
//命名路由及params传参, params更像post, 是隐性传参
this.$router.push({name: 'home', params:{uname:'123', pwd:'abc'} })
//带查询参数, /product?uname=123&pwd=abc, 其更像get传参, 是显性传参
this.$router.push({path: '/product', query:{uname:'123', pwd:'abc'} })
```

下面通过一个实例讲解编程式导航的应用。

【例10-4】Vue Router实战——编程式导航的应用。

本实例在例10-3的基础上修改根组件App.vue即可（本实例的项目名称为programming- navigation），其他程序与例10-3相同，实现步骤如下：

（1）修改根组件App.vue。App.vue的代码如下：

```
<template>
  <h1>编程式导航及嵌套路由</h1>
  <!--编程式导航-->
  <button @click="go1">前进一步</button>
  <button @click="back1">后退一步</button>
  <button @click="goHome">回首页</button>
  <button @click="goProduct">看产品介绍</button>
  <button @click="repAbout">代替关于我们</button>
  <nav>
    <router-link to="/">首页</router-link> |
    <router-link to="/about">关于我们</router-link> |
    <router-link to="/product">产品介绍</router-link>
  </nav>
  <router-view class="my-view"> </router-view>
</template>
<script>
export default {
  name: 'App',
  methods: {
    go1(){
      this.$router.forward()
    },
    back1(){
      this.$router.back()
    },
    goHome(){
      this.$router.push('/')    //字符串路由path
    },
    goProduct(){
      this.$router.push({      //对象
        path: '/product'
      })
    },
    repAbout(){
      this.$router.replace({
        name: 'home'           //命名路由
      })
    }
  }
}
</script>
```

（2）运行测试。首先在项目 programming-navigation 的终端输入 npm run serve 命令启动服务，然后在浏览器的地址栏中输入 http://localhost:8080/，运行效果如图 10.17 所示。

图 10.17　例 10-4 的首页面

10.4.4　命名路由

在链接一个路由或执行跳转时，给路由定义一个名称（name）将显得方便一些。命名路由的示例代码如下：

```
{
    path: '/',
    name: 'home',
    component: HomeView
}
```

如果需要链接到一个命名路由，可以给<router-link>的:to 属性传递一个对象，示例代码如下（注意 to 前面的冒号）：

```
<router-link :to="{name: 'home', params: {uname: '123', pwd: 'abc'}}">首页
</router-link>
```

上述示例代码与编程式导航 this.$router.push({name: 'home', params:{uname:'123', pwd:'abc'} })的功能相同。

10.4.5　重定向

用户可通过路由配置完成路由的重定向，例如实现从/first 重定向到/second，路由配置代码如下：

```
{
    path: '/first',
    redirect: '/second',
```

```
    name: 'first',
    component: FirstView
}
```

重定向的目标也可以是一个命名路由，路由配置代码如下：

```
{
    path: '/first',
    redirect: {name: 'second'},
    name: 'first',
    component: FirstView
}
```

10.4.6　使用 props 传参

在组件中使用$route 将使路由与组件形成高度耦合，从而使组件只能在某些特定的
URL 上使用，限制了组件的灵活性。在配置路由时，使用 props 传参可降低路由与组件的
耦合度。路由组件传参的具体示例如下。

❶ 导航组件

假设导航组件中有如下链接：

```
<router-link to="/">首页</router-link>
```

❷ 使用 props 传参

使用 props 配置 URL "/" 对应的路由，并传递参数给组件 HomeView，具体代码如下：

```
{
    path: '/',
    name: 'home',
    component: HomeView,
    props: {uname: '张三', upwd: '123456'}
}
```

❸ 通过 props 接收参数

在目标视图组件 HomeView 中通过 props 接收参数，具体代码如下：

```
<template>
  <div class="home">
    <h1>{{uname}}</h1>
    <h1>{{upwd}}</h1>
  </div>
</template>
<script>
export default {
  name: 'HomeView',
  props: {
    uname: {type: String, default: 'lisi'},
    upwd: {type: String, default: '000000'}
  }
}
</script>
```

10.4.7 HTML5 历史记录模式

Vue Router 的历史记录模式默认为 Hash，由 createWebHashHistory() 创建，具体代码如下：

```
import { createRouter, createWebHashHistory } from 'vue-router'
const router = createRouter({
  history: createWebHashHistory(),
  routes: [
    //…
  ],
})
```

Hash 模式使用 URL 的 Hash 值（一个哈希字符"#"）模拟一个完整的 URL，由于模拟的 URL 并未被发送到服务器，所以当 URL 发生改变时页面不会被重新加载。如果用户担心页面不会被重新加载的问题，可以使用 Vue Router 的 HTML5 模式。

HTML5 模式由 createWebHistory() 创建，推荐用户使用此模式，具体代码如下：

```
import { createRouter, createWebHistory } from 'vue-router'
const router = createRouter({
  history: createWebHistory(),
  routes: [
    //…
  ],
})
```

在使用 HTML5 历史模式时，URL 看起来像正常的 URL，着实美观，例如 https://myself.com/ user/id。

不过，由于这里的 Vue.js 应用是一个单页的客户端应用，如果没有适当的服务器配置，用户在浏览器中直接访问 https://myself.com/user/id 将返回一个 404 错误，得不偿失。用户也不用对此担心，在服务器上添加一个简单的回退路由，即可解决 404 错误，具体做法是如果 URL 不匹配任何静态资源，则返回 Vue.js 应用的 index.html 页面。

10.5 路由钩子函数

在路由跳转时，用户可能需要一些权限判断或者其他操作，这时候需要使用路由钩子函数。路由钩子函数主要是给使用者在路由发生变化时进行一些特殊的处理而定义的函数，又称为路由守卫或导航守卫。

10.5.1 全局前置钩子函数

在 Vue Router 中，使用 router.beforeEach 注册一个全局前置钩子函数（在路由跳转前执行），注册示例代码如下：

```
const router = new createRouter({ … })
router.beforeEach((to, from) => {
```

```
    //…
    //返回false以取消导航
    return false
})
```

当一个导航触发时，全局前置钩子函数按照创建顺序调用。beforeEach 函数接收两个参数，具体如下。

（1）to: Route：即将要进入的目标路由对象。

（2）from: Route：当前导航正要离开的路由。

beforeEach 函数可以返回 false 值或一个路由地址，具体如下。

（1）false：取消当前导航。如果浏览器的 URL 改变（用户手动或者单击浏览器的后退按钮），那么 URL 地址将重置到 from 路由对应的地址。

（2）一个路由地址：跳转到该路由地址，即当前的导航被中断，进行一个新的导航。

例如使用 beforeEach 函数检查用户是否登录，示例代码如下：

```
router.beforeEach(async (to, from) => {
  //在ES7标准中新增了async和await关键字，作为处理异步请求的一种解决方案
  if (
    //检查用户是否已登录
    !isAuthenticated &&
    //避免无限重定向
    to.name !== 'Login'
  ) {
    //将用户重定向到登录页面
    return { name: 'Login' }
  }
})
```

在之前的 Vue Router 版本中，beforeEach 需要使用第三个参数——next，现在是一个可选的参数。next 参数的相关说明具体如下。

（1）next()：执行管道中的下一个钩子函数。如果全部钩子函数执行完，则导航的状态就是 confirmed（确认的）。

（2）next(false)：中断当前的导航。如果浏览器的 URL 改变（可能是用户手动或者单击浏览器的后退按钮），那么 URL 地址会重置到 from 路由对应的地址。

（3）next('/')或者 next({ path: '/' })：跳转到一个不同的地址。当前的导航被中断，然后进行一个新的导航。这里可以向 next 传递任意位置对象，且允许设置诸如 replace: true、name: 'home'之类的选项以及任何用在 router-link 的 to 属性或 router.push 中的选项。

（4）next(error)：如果传入 next 的参数是一个 Error 实例，则导航被终止且该错误被传递给 router.onError()注册过的回调。

确保 next()函数在任何给定的前置钩子中被严格调用一次。它可以出现多次，但是只能在所有的逻辑路径都不重叠的情况下出现，否则钩子永远都不会被解析或报错。例如，在用户未能验证身份时重定向到/login，示例代码如下：

```
router.beforeEach((to, from, next) => {
    if (to.name !== 'Login' && !isAuthenticated)
            next({ name: 'Login' })
    else
            next()
})
```

10.5.2 全局解析钩子函数

在 Vue Router 中，使用 router.beforeResolve 注册一个全局解析钩子函数。与 router.beforeEach 类似，它在每次导航时都会触发，但是要确保在导航被确认之前，并且在所有组件内钩子函数和异步路由组件被解析之后，解析钩子函数才能被正确调用。例如，确保用户可以访问自定义的路由元信息（meta 属性）requiresCamera 的路由，具体代码如下：

```
router.beforeResolve(async to => {
  if (to.meta.requiresCamera) {
    try {
      await askForCameraPermission()
    } catch (error) {
      if (error instanceof NotAllowedError) {
        // … 处理错误，然后取消导航
        return false
      } else {
        //意料之外的错误，取消导航并把错误传递给全局处理器
        throw error
      }
    }
  }
})
```

router.beforeResolve 是获取数据或执行任何其他操作（例如用户无法进入页面时希望避免执行的操作）的理想位置。

10.5.3 全局后置钩子函数

在 Vue Router 中也可以使用 router.afterEach 注册全局后置钩子函数，该钩子函数不接收 next 参数，也不会改变导航本身，在跳转之后进行判断。它对于分析、更改页面标题、声明页面等辅助功能都很有用，示例代码如下：

```
router.afterEach((to, from) => {
  // …
})
```

10.5.4 某个路由的钩子函数

某个路由的钩子函数本质上与组件内的函数没有区别，其示例代码如下：

```
const routes = [
  {
    path: '/users/:id',
    component: UserDetails,
    beforeEnter: (to, from) => {
      //取消导航
      return false
    },
  },
]
```

路由的 beforeEnter 钩子函数只在进入路由时触发，不会在 params、query 或 hash 改变时触发。例如从/users/2 进入/users/3 或者从/users/2#info 进入/users/2#projects。它们只有在从一个不同的路由导航时才会被触发。

用户也可以将一个函数数组传递给路由的 beforeEnter 钩子函数，这在为不同的路由重用钩子函数时很有用，示例代码如下：

```
function removeQueryParams(to) {
  if (Object.keys(to.query).length)
    return { path: to.path, query: {}, hash: to.hash }
}
function removeHash(to) {
  if (to.hash) return { path: to.path, query: to.query, hash: '' }
}
const routes = [
  {
    path: '/users/:id',
    component: UserDetails,
    beforeEnter: [removeQueryParams, removeHash],
  },
  {
    path: '/about',
    component: UserDetails,
    beforeEnter: [removeQueryParams],
  },
]
```

10.5.5　组件内的钩子函数

用户可以在路由组件内直接定义路由导航钩子函数 beforeRouteEnter、beforeRouteUpdate、beforeRouteLeave，具体示例代码如下：

```
const UserDetails = {
  template: '…',
  beforeRouteEnter(to, from) {
    //在渲染该组件的对应路由被验证前调用
    //不能获取组件实例 'this'
    //因为当该钩子函数执行时，组件实例还没被创建
  },
  beforeRouteUpdate(to, from) {
    //在当前路由改变，但是该组件被复用时调用
    //举例来说，对于一个带有动态参数的路径'/users/:id'，在'/users/1'和'/users/2'之
    //间跳转的时候，由于渲染同样的'UserDetails'组件，所以组件实例会被复用，此钩子函数
    //在此情况下也被调用。因为在这种情况发生的时候组件已经挂载好了，该钩子函数可以访问组件
    //实例'this'
  },
  beforeRouteLeave(to, from) {
    //在导航离开渲染该组件的对应路由时调用
    //与'beforeRouteUpdate'一样，它可以访问组件实例'this'
  },
}
```

beforeRouteEnter 钩子函数不能访问 this，因为 beforeRouteEnter 在导航被确认之前调用，此时即将登场的新组件还没被创建。用户可以通过传一个回调给 next()函数来访问组件实例，在导航被确认的时候执行回调，并且把组件实例作为回调方法的参数，具体示例代码如下：

```
beforeRouteEnter(to, from, next) {
  next(vm => {
    //通过'vm'访问组件实例
  })
}
```

beforeRouteEnter 是支持给 next()函数传递回调的唯一钩子函数。对于 beforeRouteUpdate 和 beforeRouteLeave 来说，this 已经可以使用了，所以不支持传递回调，也没有必要。示例代码如下：

```
beforeRouteUpdate(to, from) {
  //使用'this'
  this.name = to.params.name
}
```

beforeRouteLeave 钩子函数通常用来预防用户在还未保存修改前突然离开，导航可以通过返回 false 来取消离开操作。示例代码如下：

```
beforeRouteLeave(to, from) {
  const answer = window.confirm('真的离开？你还没保存修改！')
  if (!answer)
   return false
}
```

本节只是简单地介绍了钩子函数的分类与定义，具体应用将在第 10.7 节中介绍。

10.6　路由元信息

用户有时希望将任意信息附加到路由上，例如过渡名称、访问路由权限等，这些工作可以通过接收属性对象的 meta 属性来实现，并且它在路由地址和导航守卫（路由钩子函数）中都能被访问到。路由的 meta 属性的配置示例如下：

```
const routes = [
  {
    path: '/posts',
    component: PostsLayout,
    children: [
      {
        path: 'new',
        component: PostsNew,
        //只有经过身份验证的用户才能创建帖子
        meta: { requiresAuth: true }
      },
      {
```

```
    path: ':id',
    component: PostsDetail
    //任何人都可以阅读帖子
    meta: { requiresAuth: false }
  }
 ]
 }
]
```

routes 配置中的每个路由对象称为路由记录。路由记录是可以嵌套的,因此当一个路由匹配成功后,它可能匹配多个路由记录。

例如,根据上面的路由配置,/posts/new 这个 URL 将会匹配父路由记录(path: '/posts')和子路由记录(path: 'new')。

一个路由匹配到的所有路由记录被暴露为$route 对象的$route.matched 数组,用户需要遍历这个数组来检查路由记录中的 meta 字段。Vue Router 为此提供了一个$route.meta 方法,它是一个非递归合并所有 meta 字段(从父字段到子字段)的方法,因此用户可以通过$route.meta 方法简单地获取路由的 meta 属性值,具体示例代码如下:

```
router.beforeEach((to, from) => {
  //不是去检查每条路由记录
  //to.matched.some(record => record.meta.requiresAuth)
  if (to.meta.requiresAuth && !auth.isLoggedIn()) {
    //此路由需要授权,请检查是否已登录
    //如果没有,则重定向到登录页面
    return {
      path: '/login',
      //保存当前路由所在的位置,以便再回来
      query: { redirect: to.fullPath },
    }
  }
})
```

扫一扫

视频讲解

10.7 登录权限验证实例 ※

登录权限验证实例的具体要求如下:

(1)在 App.vue 根组件中,通过<router-link>访问登录页面组件 Login.vue、主页面组件 Main.vue 和 Home.vue 组件。

(2)登录成功后才能访问主页面组件 Main.vue 和 Home.vue 组件。

(3)在 main.js 中,使用路由钩子函数 beforeEach((to,from)实现登录权限验证。

【例 10-5】登录权限验证实例。

其具体实现过程如下:

(1)使用 Vue CLI 搭建基于 Router 功能的项目。参考 10.2 节使用 Vue CLI 搭建基于 Router 功能的项目 login-validate。

(2)完善 App.vue。完善项目 login-validate 的根组件 App.vue 的模板代码,具体代码如下:

```
<template>
  <nav>
    <router-link to="/login">Login</router-link> |
    <router-link to="/main">Main</router-link> |
    <router-link to="/home">Home</router-link>
  </nav>
  <router-view/>
</template>
```

（3）配置路由。在 src/router 目录的 index.js 文件中配置路由，需要登录验证的路由使用 meta 元信息标注。路由配置的具体代码如下：

```
import { createRouter, createWebHistory } from 'vue-router'
import Login from '../views/LoginView.vue'
import Main from '../views/MainView.vue'
import Home from '../views/HomeView.vue'
const routes = [
  {
    path: '/login',
    name: 'Login',
    component: Login
  },
  {
    path: '/home',
    name: 'Home',
    component: Home,
    meta:{auth:true}
  },
  {
    path: '/main',
    name: 'Main',
    component: Main,
    meta:{auth:true}        //需要验证登录权限
  }
]
const router = createRouter({
  history: createWebHistory(process.env.BASE_URL),
  routes
})
export default router
```

（4）登录权限验证。在配置文件 main.js 中使用路由钩子函数 beforeEach((to,from)实现登录权限验证，具体代码如下：

```
import { createApp } from 'vue'
import App from './App.vue'
import router from './router'        //导入 router 目录中的 index.js，路由的创建与
                                     //配置在该文件中
createApp(App).use(router).mount('#app')
//eslint-disable-next-line no-unused-vars
router.beforeEach((to,from)=>{       //提示未使用，ESlint 规则 no-unused vars 关闭为
                                     //eslint-disable-next-line
    //如果路由器需要验证
```

```
        if(to.meta.auth){
          //对路由进行验证
          if (window.sessionStorage.getItem('user') == null) {
          alert("您没有登录，无权访问！")
          /*未登录则跳转到登录界面,
          query:{ redirect: to.fullPath}表示把当前路由信息传递过去方便登录后跳转回来*/
          return {
            path: 'login',
            query: {redirect: to.fullPath}
          }
        }
      }
    }
  })
```

（5）新建登录组件 LoginView.vue。在 views 目录中新建登录组件 LoginView.vue，在该组件中使用 window.sessionStorage.setItem()保存登录状态。LoginView.vue 的代码具体如下：

```
<template>
  <div>
    <h2>登录页面</h2>
    <form>
    用户名: <input type="text" v-model="uname" placeholder="请输入用户名"/><br><br>
    密码: <input type="password" v-model="upwd" placeholder="请输入密码"/><br><br>
    <button type="button" @click="login"  :disabled="isDisable">登录</button>
    <button type="reset">重置</button>
    </form>
  </div>
</template>
<script>
export default {
  data() {
    return {
      isDisable:false,
      uname: ",
      upwd: "
    }
  },
  methods: {
    login() {
        this.isDisable = true
        if (this.uname === 'zhangsan' && this.upwd == '123456') {
            alert('登录成功')
            //将成功登录的用户信息保存到session
            window.sessionStorage.setItem('user', this.uname)
            //进入成功登录的页面
            let path = this.$route.query.redirect
            this.$router.replace({path: path === '/' || path === undefined ?
            '/main': path})
        }else {
            alert("用户名或密码错误！")
            this.isDisable = false
        }
```

```
      }
    }
  }
</script>
```

（6）新建主页面组件 MainView.vue。在 views 目录中新建主页面组件 MainView.vue，MainView.vue 的代码具体如下：

```
<template>
  <div>欢迎{{uname}}登录成功</div>
</template>
<script>
export default {
  data() {
    return {
      uname : window.sessionStorage.getItem('user')
    }
  }
}
</script>
```

（7）测试运行。在 Terminal 终端输入 npm run serve 命令启动服务，然后在浏览器的地址栏中访问 http://localhost:8080/ 即可运行项目 login-validate。在登录界面中输入用户名 zhangsan、密码 123456 即可成功登录，登录成功后将打开主页面组件，如图 10.18 所示。

图 10.18　主页面

login-validate 目录下是本节的代码，读者可在该目录下执行 npm install 命令自动安装所有的依赖，然后执行 npm run serve 命令启动服务，运行项目。

本 章 小 结

本章首先介绍了如何使用 Vue CLI 脚手架搭建 Vue.js 项目，然后讲解了 Vue Router 的基本用法、高级应用和路由钩子函数的使用，希望读者重点学习 Vue Router 的基本用法，为进行综合项目实战夯实基础。

习 题 10

1. 下列选项中能够设置页面导航的是（　　）。

A. ＜router-link＞　　　　B. ＜router-view＞　　　　C. ＜router-a＞　　　　D. ＜router-nav＞

2．下列选项中能够显示或渲染匹配到的路由信息的标记是（　　）。

A．<router-link>　　　　B．<router-view>　　　　C．<router-v>　　　　D．<router-vue>

3．下列选项中能够正确表示跳转到 user/chenheng 的路由是（　　）。

A．{path: '/user', name: 'user', component: UserView}

B．{path: '/user/:uname', name: 'user', component: UserView}

C．{path: '/user/uname', name: 'user', component: UserView}

D．{path: '/user/name', name: 'user', component: UserView}

4．定义命名路由使用的属性是（　　）。

A．component　　　　　　B．path　　　　　　C．meta　　　　　　D．query

5．定义路由元信息使用的属性是（　　）。

A．component　　　　　　B．path　　　　　　C．meta　　　　　　D．query

6．在编程式导航中，能够跳转到新路由并且在历史记录中添加一条新记录的方法是（　　）。

A．this.$router.push()　　　　　　　　　　B．this.$router.back()

C．this.$router.replace()　　　　　　　　　D．this.$router.go()

7．简述 route、routes 以及 router 的区别。

8．路由传参有几种方式？如何接收路由传递的参数？请举例说明。

9．如何安装 Vue CLI？请使用 Vue CLI 的界面引导方式创建 Vue.js 项目。

第 **11** 章 Vuex

学习目的与要求

本章主要讲解了 Vuex 的基本用法。通过本章的学习，希望读者掌握 Vuex 的 state、getters、mutations、actions 等核心概念，掌握如何使用 Vuex 进行状态管理。

本章主要内容

- ❖ 状态管理与应用场景
- ❖ Vuex 的安装与基本应用
- ❖ Vuex 的核心概念

在实际工程项目中经常需要在多个组件之间共享状态，此时可以使用组件嵌套的方式，首先将状态以及操作数据的行为都定义在父组件，然后将状态以及操作数据的行为传递给需要的子组件，实现状态共享。这种解决方案在组件嵌套层次过多时将十分麻烦，极易导致数据不一致的问题，幸运的是 Vue.js 提供了 Vuex，可以很好地实现多个组件之间的状态共享，保证数据的一致性。

11.1　状态管理与应用场景

11.1.1　状态管理

　　状态管理，管理的是全局状态，即全局变量。Vuex 是一个专为 Vue.js 应用程序开发的状态管理模式。它采用集中式存储管理应用的所有组件的状态，并以相应的规则保证状态以一种可预测的方式发生变化。

　　状态管理应用通常包含以下几个部分。

　　（1）状态（state）：驱动应用的数据源，即组件中的 data。

　　（2）视图（view）：以声明方式将状态映射到视图，例如{{counter}}。

　　（3）操作（action）：响应用户在视图上的输入导致的状态变化，即组件的函数 methods。

　　如图 11.1 所示为一个表示 Vuex "单向数据流"理念的简单应用示意图。

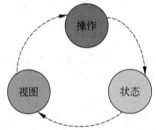

图 11.1　表示 Vuex "单向数据流"理念的简单应用示意图

　　下面以 Vue.js 实现的简单计数器为例演示 Vuex "单向数据流"的应用。

　　【例 11-1】使用 Vue.js 实现的简单计数器演示 Vuex "单向数据流"的应用。

　　本例的具体代码如下，页面效果如图 11.2 所示。

```
<!--视图-->
<div id="counter">
    <!--通过模板获取变量 counter 的值-->
    {{ counter }}
    <button @click="increment">递增</button>
</div>
<script src="js/vue.global.js"></script>
<script>
    const CounterApp = {
        //状态
        data() {
            return {
                counter: 0
            }
        },
        //操作
        methods: {
            increment() {
```

```
                this.counter++
          }
      }
  }
  Vue.createApp(CounterApp).mount('#counter')
</script>
```

图 11.2　单击"递增"按钮后的状态

在图 11.2 中，视图读取 data 中初始的 counter，显示为 0。通过事件触发调用操作（action）中的 increment()方法，然后操作（action）更新状态（state）数据。状态（state）更新之后，视图（view）也随之更新。

11.1.2　应用场景

在较大型的项目中将有许多组件用到同一变量，例如一个登录的状态，很多页面组件都需要这个信息。在这样的情景下，使用 Vuex 进行登录状态的统一管理就很方便。状态管理不是必需的，所有状态管理能做的都能用其他方式实现，但是状态管理提供了统一管理的地方，操作方便，也更加明确。另外，有一些状态只是父组件和子组件共享，不推荐使用状态管理实现，而用$emit 和 props 实现。

11.2　Vuex 的安装与基本应用 ※

如果 Vue 工程项目需要使用 Vuex 管理状态，首先安装 Vuex，然后在项目的主文件中导入 Vuex，最后显式地使用 Vue 实例调用 Vuex，具体步骤如下。

❶ 安装 Vuex

和 Vue Router 一样，将 Vuex 添加到项目中也有 4 种主要方法，即本地独立版本方法、CDN 方法、NPM 方法以及命令行工具（Vue CLI）方法。本节参考 10.2 节中的图 10.4，使用 Vue CLI 安装 Vuex，安装过程和其他安装方法这里不再赘述。

❷ 在项目文件中导入并显式地使用 Vuex

在使用 Vue CLI 安装 Vuex 后，首先在项目的/src/store/index.js 文件中导入 Vuex 模块，并创建一个 store（仓库），具体示例代码如下：

```
import { createStore } from 'vuex'
export default createStore({
```

```
//export default createStore命令将store导出，在main.js文件中导入并挂载到Vue根实例
  state: {
//存放状态
  },
  getters: {
    // state 的计算属性
  },
  mutations: {
    //更新 state 中的状态，同步操作
  },
  actions: {
    //提交 mutation，异步操作
  },
  modules: {
    //当需要将 store 分成若干模块时使用 modules
  }
})
```

然后在项目的主文件 main.js 中导入 Vuex，并显式地使用 Vue 实例调用 Vuex，具体示例代码如下：

```
import { createApp } from 'vue'
import App from './App.vue'
import store from './store'
    //导入 store 目录中的 index.js，Vuex 的创建与配置在该文件中
createApp(App).use(store).mount('#app')
```

11.3   Vuex 的核心概念

Vuex 应用的核心是 store，即仓库。store 实际上就是一个容器，它包含应用中的大部分状态（state），与单纯的全局对象不同，主要有以下两点区别：

（1）Vuex 的状态存储是响应式的。也就是说，当 Vue 实例或组件从仓库 store 中读取状态时，若 store 中的状态发生变化，那么相应的 Vue 实例或组件也会高效更新。

（2）用户不能直接更新 store 中的状态。更新的唯一途径是显式地提交 mutation（类似于事件），以便跟踪每一个状态的变化。

一个完整的 store 包含 state、getters、mutations、actions、modules 五大组成部分。

11.3.1   Vuex 中的 state

扫一扫

视频讲解

Vuex 使用单一状态树，即使用一个对象包含了所有的应用层级状态，作为一个唯一的数据源存在，也就是说每个应用将仅包含一个仓库（store）实例，因此需要状态跟踪（管理）的数据保存在 Vuex 的 state 选项内。例如需要实现一个计算器，可以在 store 的 state 中定义一个数据 count，初始值为 0。示例具体代码如下：

```
import { createStore } from 'vuex'
export default createStore({
```

```
  state: {                //state 用来存储状态
    count: 0
  },
  mutations: {            //更新 state 中的状态,同步操作
    increment(state) {
      state.count++
    }
  }
})
```

那么,在任何组件内可以直接通过$store.state.count 读取数据,并通过$store.commit()
方法触发状态变更。示例具体代码如下:

```
<template>
  <div>计数器值为 {{$store.state.count}}</div>
</template>
<script>
...
this.$store.commit('increment')        //increment 是 mutations 定义的方法
...
</script>
```

❶ 在 Vue 组件中通过计算属性 computed 获得 Vuex 的状态

在 Vue 组件中如何展示状态呢?由于 Vuex 的状态存储是响应式的,从仓库(store)
实例中读取状态最简单的方法就是在 Vue 组件的计算属性中返回某个状态,示例代码
如下:

```
//创建一个 Counter 组件
const Counter = {
  template: '<div>{{ count }}</div>',
  computed: {
    count() {
      return store.state.count
    }
  }
}
```

每当 store.state.count 变化的时候都将重新求取计算属性,并且触发更新相关联的
DOM,但这种模式将导致组件依赖全局状态单例。在模块化的构建系统中,每个需要使
用 state 的组件需要频繁地导入,并且在测试组件时需要模拟状态。

Vuex 通过 Vue 的插件系统将 store 实例从根组件“注入”所有的子组件中,子组件通
过 this.$store 即可访问状态。于是上述 Counter 组件的实现具体更新如下:

```
const Counter = {
  template: '<div>{{ count }}</div>',
  computed: {
    count() {
      return this.$store.state.count
    }
  }
}
```

$store 与 store 的区别如下：

（1）$store 是挂载在 Vue 实例上的（即 Vue.prototype），而组件也是一个 Vue 实例。在组件中可以使用 this 访问原型上的属性，template 拥有组件实例的上下文，可直接通过 {{$store.state}}访问，等价于 script 中的 this.$store.state。

（2）store 是挂载到 Vue 上的，为 Vue 的根实例。store 引入后被注入 Vue 上，成为 Vue 的原型属性，所以 store 是挂载到 Vue 上的，为 Vue 的根实例，并且在 script 中通过 store.state 和$store.state 都可以访问。

（3）至于{{store.state}}，script 中的 data 需要声明过 store 才可以访问。

❷ **在 Vue 组件中通过 mapState()辅助函数获得 Vuex 的状态**

当一个组件需要获取多个状态时，将这些状态都声明为计算属性会有些重复和冗余。为了解决这个问题，Vuex 通过使用 mapState()辅助函数帮助生成计算属性，减少按键次数。

mapState()辅助函数返回的是一个对象，用来获取多个状态。mapState()可以接收{}或[]作为参数。

{}参数为键值对形式参数，即 key:value，key 为计算属性，value 为函数，参数为 store.state，返回需要的 state。示例的部分代码具体如下：

```
//在单独构建的版本中辅助函数为 Vuex.mapState
import { mapState } from 'vuex'
export default {
  // …
  computed: mapState({
    //箭头函数可使代码更简练
    count: state => state.count,
    //传字符串参数 'count' 等同于'state => state.count'
    countAlias: 'count',
    //为了能够使用'this'获取局部状态，必须使用常规函数
    countPlusLocalState(state) {
      return state.count + this.localCount
    }
  })
}
```

当映射的计算属性名称与 state 的子节点名称相同时，可以为 mapState()传一个字符串数组参数。示例的部分代码具体如下：

```
computed: mapState([
  //映射 this.count 为 store.state.count
  'count'    //可以有多个 state 对象属性，用逗号分隔
])
```

❸ 对象展开运算符

mapState()函数返回的是一个对象。那么如何将它与局部计算属性混合使用呢？通常需要使用一个工具函数将多个对象合并为一个，然后将最终对象传给 computed 属性，但自从有了对象展开运算符（…）后，可以极大地简化写法。示例的部分代码如下：

```
computed: {
  localComputed() { /* … */ },
```

```
//使用对象展开运算符将此对象混入外部对象中
···mapState({
  // ···
})
}
```

【例 11-2】Vuex 实战——state 的使用。

本例的具体实现步骤如下：

（1）使用 Vue-CLI 创建 Vuex 应用。首先参考 10.2 节使用 Vue-CLI 创建 Vuex 应用 vuex-11-2，如图 11.3 所示，然后使用 VSCode 打开该应用。

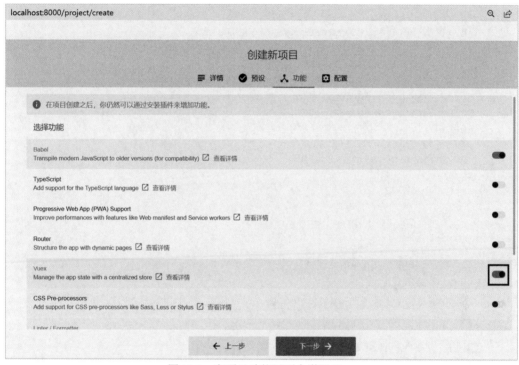

图 11.3 在项目功能界面中激活 Vuex

（2）声明状态。打开 vuex-11-2/src/store/index.js 文件，在 state 选项中声明状态，具体代码如下：

```
import { createStore } from 'vuex'
export default createStore({
  state: {
    BISBN : '9787302598503',
    bookPrice : 99.8,
    bookPress : '清华大学出版社'
  },
  getters: {
  },
  mutations: {
  },
  actions: {
  },
```

```
  modules: {
  }
})
```

（3）获取 store 中的状态。在 src/App.vue 文件中分别使用$store.state、计算属性、mapState()
函数等方式获取 store 中的状态，具体代码如下：

```html
<template>
  <div>
    <h3>{{bookName}}</h3>
    <h3>作者：{{$store.state.bookAuthor}}</h3>
    <h3>出版社：{{$store.state.bookPress}}</h3>
    <h3>ISBN：{{$store.state.BISBN}}</h3>
    <h3>价格：{{$store.state.bookPrice}}</h3>
  </div>
  <hr/>
  <div>
    <h3>{{bookName}}</h3>
    <h3>作者：{{bookAuthor}}</h3>
    <h3>出版社：{{bookPress}}</h3>
    <h3>ISBN：{{BISBN}}</h3>
    <h3>价格：{{bookPrice}}</h3>
  </div>
</template>
<script>
import { mapState } from 'vuex'
export default {
  name: 'App',
  data() {          //组件中的私有数据
    return {
      bookName : 'SSM + Spring Boot + Vue.js 3 全栈开发从入门到实战（微课视频版）'
    }
  },
  //使用计算属性获取 store 中的状态
  computed: {
    bookPress() {
      return this.$store.state.bookPress
    },
    //使用对象展开运算符获取 store 中的状态
    ...mapState(['BISBN', 'bookPrice', 'bookAuthor'])
  }
}
</script>
<style>
#app {
  font-family: Avenir, Helvetica, Arial, sans-serif;
  -webkit-font-smoothing: antialiased;
  -moz-osx-font-smoothing: grayscale;
  text-align: center;
  color: #2c3e50;
  margin-top: 60px;
}
</style>
```

（4）运行测试。首先在 vuex-11-2 项目的 Terminal 终端输入 npm run serve 命令启动服务，然后在浏览器的地址栏中访问 http://localhost:8080/运行项目 vuex-11-2，如图 11.4 所示。

图 11.4　vuex-11-2 项目的页面效果

11.3.2　Vuex 中的 getters

在工程项目中，有时需要从 store.state 中派生出一些状态，例如对列表进行过滤并计数，可以通过计算属性来实现，具体代码如下：

```
computed: {
  doneTodosCount() {
    return this.$store.state.todos.filter(todo => todo.done).length
  }
}
```

如果有多个组件需要用到此属性，则复制这个函数，或者抽取一个共享函数，然后在多处导入它，但无论哪种方式都不是很理想。

幸运的是，Vuex 允许在 store 中定义"getters"（可以认为是 store 的计算属性）。getters 可以接受 state 作为第一个参数，示例代码如下：

```
const store = createStore({
  state: {
    todos: [
      { id: 1, text: '…', done: true },
      { id: 2, text: '…', done: false }
    ]
  },
  getters: {
    doneTodos(state) {
      return state.todos.filter(todo => todo.done)
    }
  }
})
```

扫一扫

视频讲解

通过属性、方法和mapGetters()辅助函数可以访问getters，具体如下。

❶ 通过属性访问 **getters**

getters会暴露为store.getters对象，用户可以以属性的形式访问这些值。示例代码如下：

```
store.getters.doneTodos          //返回[{ id: 1, text: '…', done: true }]
```

getters也可以接受其他getters作为第二个参数，示例代码如下：

```
getters: {
  // …
  doneTodosCount(state, getters) {
    return getters.doneTodos.length
  }
}
store.getters.doneTodosCount     //返回1
```

用户可以很容易地在任何组件中使用getters，代码如下：

```
computed: {
  doneTodosCount() {
    return this.$store.getters.doneTodosCount
  }
}
```

注意：在通过属性访问getters时，getters作为Vue的响应式系统的一部分缓存在其中。

❷ 通过方法访问 **getters**

另外，也可以让getters返回一个函数实现给getters传参，这在对store中的数组进行查询时非常有用。示例代码如下：

```
getters: {
  // …
  getTodoById: (state) => (id) => {
    return state.todos.find(todo => todo.id === id)
  }
}
store.getters.getTodoById(2)          //返回{ id: 2, text: '…', done: false }
```

❸ 通过 **mapGetters()辅助函数访问 getters**

mapGetters()辅助函数仅仅是将store中的getters映射到局部计算属性，示例代码如下：

```
import { mapGetters } from 'vuex'
export default {
  // …
  computed: {
  //使用对象展开运算符将getters混入computed对象中
    …mapGetters([
      'doneTodosCount',
      'anotherGetter',
      // …
    ])
  }
}
```

如果需要为一个 getters 属性另取一个名字，使用对象形式。示例代码如下：

```
···mapGetters({
  //把'this.doneCount'映射为'this.$store.getters.doneTodosCount'
  doneCount: 'doneTodosCount'
})
```

【例 11-3】Vuex 实战——getters 的使用。本例在例 11-2 的基础上进行实现，具体步骤如下：

（1）修改 index.js 文件，声明 getters。打开 vuex-11-3/src/store/index.js 文件，在 getters 选项中派生出一些状态。index.js 文件修改后的具体代码如下：

```
import { createStore } from 'vuex'
export default createStore({
  state: {
    BISBN : '9787302598503',
    bookPrice : 99.8,
    bookAuthor : '陈恒',
    bookPress : '清华大学出版社'
  },
  getters: {
    //接受 state 作为第一个参数
    getBookPrice(state) {
      return state.bookPrice
    },
    //接受其他 getters 作为第二个参数
    getThreeTimesBookPrice(state, getters) {
      return state.bookPrice + getters.getBookPrice * 2
    }
  },
  mutations: {
  },
  actions: {
  },
  modules: {
  }
})
```

（2）修改 App.vue 文件，访问 getters。打开 vuex-11-3/src/App.vue 文件，在 App.vue 文件中访问 getters。App.vue 文件修改后的具体代码如下：

```
<template>
  <div>
    <h3>{{bookName}}</h3>
    <h3>作者：{{$store.state.bookAuthor}}</h3>
    <h3>出版社：{{$store.state.bookPress}}</h3>
    <h3>ISBN：{{$store.state.BISBN}}</h3>
    <h3>价格：{{$store.state.bookPrice}}</h3>
  </div>
  <hr/>
```

```
    <div>
      <h3>{{bookName}}</h3>
      <h3>作者: {{bookAuthor}}</h3>
      <h3>出版社: {{bookPress}}</h3>
      <h3>ISBN: {{BISBN}}</h3>
      <h3>价格: {{bookPrice}}</h3>
    </div>
    <hr/>
    <h3>getters 访问</h3>
    <h3>一本书花的钱: {{$store.getters.getBookPrice}}</h3>
    <h3>三本书花的钱: {{$store.getters.getThreeTimesBookPrice}}</h3>
    <h3>一本书花的钱: {{getBookPrice}}</h3>
    <h3>三本书花的钱: {{getThreeTimesBookPrice}}</h3>
</template>
<script>
import { mapState } from 'vuex'
import { mapGetters } from 'vuex'
export default {
  name: 'App',
  data() {          //组件中的私有数据
    return {
      bookName : 'SSM + Spring Boot + Vue.js 3全栈开发从入门到实战（微课视频版）'
    }
  },
  //使用计算属性获取 store 中的状态
  computed: {
    bookPress() {
      return this.$store.state.bookPress
    },
    //使用对象展开运算符获取 store 中的状态
    ...mapState(['BISBN', 'bookPrice', 'bookAuthor']),
    ...mapGetters(['getBookPrice', 'getThreeTimesBookPrice'])     //混入计算属性
  }
}
</script>
<style>
#app {
  font-family: Avenir, Helvetica, Arial, sans-serif;
  -webkit-font-smoothing: antialiased;
  -moz-osx-font-smoothing: grayscale;
  text-align: center;
  color: #2c3e50;
  margin-top: 60px;
}
</style>
```

（3）运行测试。首先在 vuex-11-3 项目的 Terminal 终端输入 npm run serve 命令启动服务，然后在浏览器的地址栏中访问 http://localhost:8080/运行项目 vuex-11-3，如图 11.5 所示。

图 11.5　例 11-3 的页面效果

11.3.3　Vuex 中的 mutations

更改 Vuex 的 store 中的状态的唯一方法是提交 mutations。Vuex 中的 mutations 非常类似于事件——每个 mutation 都有一个字符串的事件类型（type）和一个回调函数（handler）。这个回调函数就是实际进行状态更改的地方，并且它会接受 state 作为第一个参数，示例代码如下：

```
const store = createStore({
  state: {
    count: 1
  },
  mutations: {
    increment(state) {  //increment 为事件类型 type，state 为参数
      //变更状态
      state.count++
    }
  }
})
```

注意，不能直接调用一个 mutation 处理函数。这个选项更像是事件注册——"当触发一个类型为 increment 的 mutation 时调用此函数。"要唤醒一个 mutation 处理函数，需要

用相应的 type 调用 store.commit()方法。示例代码如下:

```
store.commit('increment')
```

❶ 提交载荷

可以向 store.commit()方法传入额外的参数, 即 mutations 的载荷 (payload)。示例的部分代码如下:

```
// …
mutations: {
  increment(state, n) {
    state.count += n
  }
}
```

要唤醒这样的 mutation 处理函数, 仍需要以相应的类型调用 store.commit()方法, 示例代码如下:

```
store.commit('increment', 10)
```

在大多数情况下,载荷应该是一个对象,这样可以包含多个字段并且记录的 mutations 更易读。示例的部分代码如下:

```
// …
mutations: {
  increment(state, payload) {
    state.count += payload.amount
  }
}
```

相应的唤醒方法如下:

```
store.commit('increment', {
  amount: 10
})
```

❷ 对象风格的提交方式

提交 mutations 的另一种方式是直接使用包含 type 属性的对象{},示例代码如下:

```
//整个对象都作为载荷传给mutation函数
store.commit({
  type: 'increment',
  amount: 10
})
```

❸ 使用常量代替 mutations 事件类型

在工程项目中可以使用常量代替 mutations 事件类型。通常将这些常量放在单独的文件中,这样可以让项目中所包含的 mutations 一目了然,方便项目组成员查看使用。其具体代码如下:

(1) mutation-types.js 文件。

```
// mutation-types.js
export const SOME_MUTATION = 'SOME_MUTATION'
```

（2）store.js 文件。

```
// store.js
import { createStore } from 'vuex'
import { SOME_MUTATION } from './mutation-types'
const store = createStore({
  state: { ⋯ },
  mutations: {
    //可以使用 ES2015 风格的计算属性命名功能，使用一个常量作为函数名
    [SOME_MUTATION] (state) {
      //修改 state
    }
  }
})
```

注意：函数名必须是带[]的类型常量（例如[SOME_MUTATION]）。如果是多人合作的大/中型项目，建议使用常量形式处理 mutations。

❹ **mutations 必须是同步函数**

一条重要的原则就是 mutations 必须是同步函数。为什么？请参考下面的例子：

```
mutations: {
  someMutation(state) {
    api.callAsyncMethod(() => {
      state.count++
    })
  }
}
```

debug 一个应用，并且观察 devtools 中的 mutations 日志。每一条 mutation 被记录，devtools 都需要捕捉到前一状态和后一状态的快照。然而在上面的例子中，mutations 的异步函数中的回调让这不可能完成：因为当 mutation 触发时回调函数还没有被调用，devtools 不知道回调函数什么时候实际上被调用——实质上任何在回调函数中进行的状态的改变都是不可追踪的，所以要通过提交 mutations 的方式改变状态才能更明确地追踪到状态的变化。

❺ **在组件中提交 mutations**

在组件中可以使用 this.$store.commit('xxx')提交 mutations，或者使用 mapMutations()辅助函数将组件中的 methods 映射为 store.commit()方法调用（需要在根节点注入 store）。其具体代码如下：

```
import { mapMutations } from 'vuex'
export default {
  // ⋯
  methods: {
    ⋯mapMutations([
      'increment',
        //将'this.increment()'映射为'this.$store.commit('increment')'
        //'mapMutations'也支持载荷
      'incrementBy'
        //将'this.incrementBy(amount)'映射为'this.$store.commit('incrementBy',
        //amount)'
```

```
  ]),
  ···mapMutations({
    add: 'increment'   //将'this.add()'映射为'this.$store.commit('increment')'
  })
  }
}
```

11.3.4　Vuex 中的 actions

actions 类似于 mutations，不同之处在于以下两点：

（1）actions 提交的是 mutations，而不是直接变更状态。

（2）actions 可以包含任意异步操作。

actions 中的方法需要使用 store.dispatch()方法调用。action 函数接受一个与 store 实例具有相同方法和属性的 context 对象，因此可以调用 context.commit()提交一个 mutation，或者通过 context.state 和 context.getters 来获取 state 和 getters。

下面来注册一个简单的 actions，具体代码如下：

```
const store = createStore({
  state: {
    count: 0
  },
  mutations: {
    increment(state) {
      state.count++
    }
  },
  actions: {
    //注册 increment()函数，其参数为 context
    increment(context) {
      context.commit('increment')
    }
  }
})
```

在上述代码的 actions 中注册 increment()函数，其参数为 context 对象，然后使用 context 对象的 commit()方法执行一个 mutation（例如 increment）。在项目实践中经常用 ES2015 的参数解构来简化代码（特别是需要多次调用 commit()时），简化格式如下：

```
actions: {
  increment ({ commit }) {
    commit('increment')
  }
}
```

actions 通过 store.dispatch()方法触发 mutations，代码如下：

```
store.dispatch('increment')
```

通过 actions 分发 mutations 感觉多此一举，直接分发 mutations 岂不是更方便？实际上并非如此，因为 mutations 必须同步执行，而 actions 不受同步执行约束，所以可以在

actions 内部执行异步操作，示例的部分代码如下：

```
actions: {
  incrementAsync ({ commit }) {
    //每秒钟执行一次 mutations 中的 increment
    setInterval(() => {
      commit('increment')
    }, 1000)
  }
}
```

actions 支持以同样的载荷形式和对象形式进行分发。示例代码如下：

```
//以载荷形式分发
store.dispatch('incrementAsync', {
  amount: 10
})
//以对象形式分发
store.dispatch({
  type: 'incrementAsync',
  amount: 10
})
```

在组件中使用 this.$store.dispatch('xxx')方法分发 actions，或者使用 mapActions()辅助函数将组件的 methods 映射为 store.dispatch()方法调用（需要事先在根节点注入 store），示例代码如下：

```
import { mapActions } from 'vuex'
export default {
  // …
  methods: {
    …mapActions([
      'increment',
      //将'this.increment()'映射为'this.$store.dispatch('increment')'
      'incrementBy'
      //将'this.incrementBy(amount)'映射为'this.$store.dispatch('incrementBy',
      //amount)'
    ]),
    …mapActions({
      add: 'increment' //将'this.add()'映射为'this.$store.dispatch('increment')'
    })
  }
}
```

【例 11-4】Vuex 实战——mutations 和 actions 的使用。

本例在例 11-2 的基础上进行实现，具体步骤如下：

（1）修改 index.js 文件，声明 mutations 和 actions。打开 vuex-11-4/src/store/index.js 文件，在 mutations 选项中定义方法更新状态，在 actions 选项中定义方法异步执行 mutations。index.js 文件修改后的具体代码如下：

```
import { createStore } from 'vuex'
export default createStore({
  state: {
```

```
    BISBN : '9787302598503',
    bookPrice : 99.8,
    bookAuthor : '陈恒',
    bookPress : '清华大学出版社',
    bookName : 'SSM + Spring Boot + Vue.js 3全栈开发从入门到实战（微课视频版）'
  },
  getts: {
  },
  mutations: {
    addBookBy10(state) {
      state.bookPrice = state.bookPrice + 10
    },
    addBookByNum(state, num) {
      state.bookPrice = state.bookPrice + num
    },
    reduceBookBy10(state) {
      state.bookPrice = state.bookPrice - 10
    },
    reduceBookByNum(state, num) {
      state.bookPrice = state.bookPrice - num
    },
  },
  actions: {
    //同步增加
    addBookBy10Action(context) {
      //执行 mutations 中的 addBookBy10
      context.commit('addBookBy10')
    },
    //同步减少，step 为参数
    reduceBookByNumAction(context, step) {
      //执行 mutations 中的 reduceBookByNum
      context.commit('reduceBookByNum', step)
    },
    //异步增加
    addBookBy10ActionAsync(context) {
      setInterval(() => {
        context.commit('addBookBy10')
      }, 1000);
    },
    //异步减少，step 为参数
    reduceBookByNumActionAsync(context, step) {
      setInterval(() => {
        context.commit('reduceBookByNum', step)
      }, 1000);
    }
  },
  modules: {
  }
})
```

（2）创建组件文件 AddBookPrice.vue 和 ReduceBookPrice.vue。在 vuex-11-4/src/components 目录下新建组件文件 AddBookPrice.vue 和 ReduceBookPrice.vue。

在 AddBookPrice.vue 组件中调用执行 mutations 和 actions，实现图书的涨价功能。其具体代码如下：

```
<template>
    <div>
        <button @click="addBookBy10Vue">执行 mutations 涨价 10 元</button>
        <button @click="addBookByNumVue(20)">执行 mutations 涨价 20 元</button>
        <button @click="addBookBy10ActionVue">执行 action 同步涨价 10 元</button>
        <button @click="addBookBy10">mapMutations 涨价 10 元</button>
        <button @click="addBookBy10ActionAsync">mapActions 每秒钟涨价 10 元
        </button>
    </div>
</template>
<script>
import { mapMutations } from 'vuex'
import { mapActions } from 'vuex'
export default {
    name: 'AddBookPrice',
    methods: {
        addBookBy10Vue() {
            //调用 mutations 中的 addBookBy10
            this.$store.commit('addBookBy10')
        },
        addBookByNumVue(num) {
            //调用 mutations 中的 addBookByNum
            this.$store.commit('addBookByNum', num)
        },
        addBookBy10ActionVue() {
            //调用 actions 中的 addBookBy10Action
            this.$store.dispatch('addBookBy10Action')
        },
        ...mapMutations(
            ['addBookBy10']
        ),
        ...mapActions(
            ['addBookBy10ActionAsync']
        )
    }
}
</script>
```

在 ReduceBookPrice.vue 组件中调用执行 mutations 和 actions，实现图书的降价功能。其具体代码如下：

```
<template>
    <div>
        <button @click="reduceBookBy10Vue">执行 mutations 降价 10 元</button>
        <button @click="reduceBookByNumVue(20)">执行 mutations 降价 20 元</button>
        <button @click="reduceBookByNumActionVue">执行 action 同步降价 10 元
        </button>
        <button @click="reduceBookBy10">mapMutations 降价 10 元</button>
        <button @click="reduceBookByNumActionAsync(20)">mapActions 每秒钟
        降价 20 元
        </button>
```

```
    </div>
</template>
<script>
import { mapMutations } from 'vuex'
import { mapActions } from 'vuex'
export default {
    name: 'ReduceBookPrice',
    methods: {
        reduceBookBy10Vue() {
            //调用 mutations 中的 reduceBookBy10
            this.$store.commit('reduceBookBy10')
        },
        reduceBookByNumVue(num) {
            //调用 mutations 中的 reduceBookByNum
            this.$store.commit('reduceBookByNum', num)
        },
        reduceBookByNumActionVue() {
            //调用 actions 中的 reduceBookByNumAction
            this.$store.dispatch('reduceBookByNumAction', 10)
        },
        ...mapMutations(
            ['reduceBookBy10']
        ),
        ...mapActions(
            ['reduceBookByNumActionAsync']
        )
    }
}
</script>
```

（3）修改 App.vue 文件。打开 vuex-11-4/src/App.vue 文件，在 App.vue 文件中注册组件 AddBookPrice.vue 和 ReduceBookPrice.vue。App.vue 文件修改后的具体代码如下：

```
<template>
  <div>
      <h3>书名：{{bookName}}</h3>
      <h3>出版社：{{$store.state.bookPress}}</h3>
      <h3>作者：{{$store.state.bookAuthor}}</h3>
      <h3>原价：{{bookPrice}}</h3>
  </div>
  <hr/>
  <my-add></my-add>
  <hr/>
  <my-reduce></my-reduce>
</template>
<script>
import { mapState } from 'vuex'
import AddBookPrice from './components/AddBookPrice.vue'
import ReduceBookPrice from './components/ReduceBookPrice.vue'
export default {
  name: 'App',
  computed: {
      ...mapState(
      //混入计算属性
```

```
        ['bookName','bookPrice']
      )
  },
  components: {        //注册子组件
    'my-add': AddBookPrice,
    'my-reduce': ReduceBookPrice
  }
}
</script>
<style>
#app {
  font-family: Avenir, Helvetica, Arial, sans-serif;
  -webkit-font-smoothing: antialiased;
  -moz-osx-font-smoothing: grayscale;
  text-align: center;
  color: #2c3e50;
  margin-top: 60px;
}
</style>
```

（4）运行测试。首先在 vuex-11-4 项目的终端输入 npm run serve 命令启动服务，然后在浏览器的地址栏中访问 http://localhost:8080/运行项目 vuex-11-4，如图 11.6 所示。

图 11.6　例 11-4 的页面效果

11.3.5　Vuex 中的 modules

应用的所有状态都集中到 store 对象中的缺点是：当应用变得非常复杂时，store 可能变得相当臃肿。为了解决该问题，Vuex 允许将 store 分割成模块（modules）。每个模块拥有自己的 state、mutation、action、getter，甚至是嵌套子模块（从上至下进行同样方式的分割），示例代码如下：

```
const moduleA = {
  state: () => ({ ⋯ }),
  mutations: { ⋯ },
```

```
  actions: { … },
  getters: { … }
}
const moduleB = {
  state: () => ({ … }),
  mutations: { … },
  actions: { … }
}
const store = createStore({
  modules: {
    a: moduleA,
    b: moduleB
  }
})
store.state.a          //moduleA 的 state
store.state.b          //moduleB 的 state
```

对于模块内部的 mutations 和 getters，接受的第一个参数是模块的局部状态对象 state。同样，对于模块内部的 actions，局部状态通过 context.state 暴露出来，根节点状态则为 context.rootState；对于模块内部的 getters，根节点状态会作为第三个参数暴露出来。示例代码如下：

```
const moduleA = {
  state: () => ({
    count: 0
  }),
  mutations: {
    increment(state) {
      //这里的'state'对象是模块的局部状态
      state.count++
    }
  },
  getters: {
    doubleCount(state) {
      return state.count * 2
    },
//根节点状态会作为第三个参数暴露出来
    sumWithRootCount(state, getters, rootState) {
      return state.count + rootState.count
    }
  },
  actions: {
    incrementIfOddOnRootSum({ state, commit, rootState }) {
      if ((state.count + rootState.count) % 2 === 1) {
        commit('increment')
      }
    }
  }
}
```

ch11 下存放了本章的源代码文件，读者可在对应目录下执行 npm install 命令安装所有的依赖，然后执行 npm run serve 命令启动服务，运行相应实例。

本 章 小 结

本章主要介绍了 Vuex 的基本概念及应用场景，详细介绍了 Vuex 中的 state、getters、mutations、actions 等核心概念，并介绍了每个核心概念的定义及使用方法，希望读者重点学习 Vuex 的核心概念的定义及使用方法，为进行综合项目实战夯实基础。

习 题 11

1. 下列选项中表示 Vuex 的状态概念的是（ ）。

A. getters   B. state   C. actions   D. modules

2. 下列选项中表示 Vuex 的模块概念的是（ ）。

A. getters   B. state   C. actions   D. modules

3. Vuex 中相当于 state 的计算属性的是（ ）。

A. getters   B. state   C. actions   D. modules

4. 下列选项中能够在 main.js 中显式地使用 Vuex 的是（ ）。

A.

```
import { createApp } from 'vue'
import App from './App.vue'
import store from './store'
createApp(App).use(store).mount('#app')
```

B.

```
import { createApp } from 'vue'
import App from './App.vue'
import store from './store'
createApp(App).uses(store).mount('#app')
```

C.

```
import { createApp } from 'vue'
import App from './App.vue'
import store from './store'
createApp(App).using(store).mount('#app')
```

D.

```
import { createApp } from 'vue'
import App from './App.vue'
import store from './store'
createApp(App).used(store).mount('#app')
```

5. 下列选项中能够正确分发 actions 触发 add 这个 mutation 的是（ ）。

A. store.commit('add')   B. commit('add')

C. store.dispatch('add')   D. dispatch('add')

6. 在辅助函数 mapXXX 前面加上（ ），可以实现 Vuex 状态与局部计算属性混合使用。

A. ***   B. ///   C. ---   D. ...

7. 简述 store 对象的 mutations 与 actions 的区别。

第 12 章　Vue UI组件库

学习目的与要求

本章主要讲解 Vue3 中的 setup 语法糖以及常用的 Vue UI 组件库的特点和类别。通过本章的学习，希望读者能够掌握 setup 语法糖以及 Element-Plus、View UI Plus、Vant UI 等组件库的使用方法。

本章主要内容

❖ setup 语法糖
❖ Element Plus
❖ View UI Plus
❖ Vant UI

Vue.js 是一套构建用户界面的渐进式框架，采用自底向上增量开发的设计，是一个轻巧、高性能、可组件化的 MVVM 库。Vue.js 不仅易于上手，还便于与第三方库或既有项目整合，得到众多 Web 开发者的认可。目前已衍生出许多基于 Vue.js 的开源 UI 组件库，方便开发者使用。

12.1 setup 语法糖

在本书 8.3 节中已经学习了 setup 选项,但在 setup 选项中属性、方法等必须通过 return 返回暴露出来,然后才能在 template 中使用,很不友好。Vue.js 3.2 增加了 setup 语法糖,即在<script>标签中添加 setup。

在使用 setup 语法糖时,组件只需要引入不需要注册,属性和方法不需要通过 return 返回,不用再写 setup 函数,也不用写 export default 默认输出。

setup 语法糖是在单文件组件中使用组合式 API 的编译时语法糖。相比于普通的 <script>语法,它具有更多优势:

(1)更少的 template 内容,更简洁的代码。

(2)能够使用纯 Typescript 声明 props 和抛出事件。

(3)更好的运行时性能(其 template 将被编译成与其同一作用域的渲染函数,没有任何中间代理)。

(4)更好的 IDE 类型推断性能(减少语言服务器从代码中抽离类型的工作)。

许多基于 Vue.js 的开源 UI 组件库的官方示例都是使用 setup 语法糖编写的。为了方便读者学习 Vue UI 组件库,本章先学习 setup 语法糖知识。

扫一扫

视频讲解

12.1.1 属性与方法的绑定

在使用 setup 语法糖时,属性与方法不需要通过 return 返回暴露出来,可以直接在 template 中使用。下面通过一个实例讲解使用 setup 语法糖时如何进行属性与方法的绑定。因为 setup 语法糖是在单文件组件中使用组合式 API 的编译时语法糖,所以本节实例都是在使用 Vue CLI 搭建的 Vue.js 项目的单文件组件中演示。

【例 12-1】使用 setup 语法糖时进行属性与方法的绑定示例。

其具体步骤如下:

(1)使用 Vue CLI 搭建基于 Router 功能的 Vue.js 项目。参考 10.2 节,使用 Vue CLI 搭建基于 Router 功能的 Vue.js 项目 setup-sugar。

(2)修改根组件 App.vue。在 setup-sugar 的根组件 App.vue 中定义一个非响应式基本数据属性 firstNumber、一个响应式基本数据属性 secondNumber、一个响应式对象(复杂数据)属性 thirdNumber 和一个改变属性的方法 changeNumber,并使用 setup 语法糖进行属性与方法的绑定。App.vue 的代码具体如下:

```
<template>
  <div>firstNumber 不是一个响应式且可改变的基本数据: {{firstNumber}}</div>
  <div>secondNumber 是一个响应式且可改变的基本数据: {{secondNumber}}</div>
  <div>thirdNumber 是一个响应式且可改变的对象数据: {{thirdNumber}}</div>
  <div><button @click="changeNumber">改变数据</button></div>
</template>
<!--只需添加 setup 属性-->
<script setup>
//注意,和 setup 函数一样,在使用 setup 语法糖时没有 this
```

```
import { ref,reactive } from 'vue'
//不使用 ref 定义的变量
let firstNumber = 100
//使用 ref 定义的变量，是一个响应式且可改变的基本数据对象
let secondNumber = ref(100)
//使用 reactive 定义的变量，是一个响应式且可改变的对象
let thirdNumber = reactive({
  uname: '陈恒',
  age: '58'
})
//定义一个无参数的方法，在使用 setup 语法糖时方法也被认为是属性
let changeNumber = ()=> {
  firstNumber++
  //在模板中使用时它会自动开箱，无须在模板内额外书写.value
  secondNumber.value++
  thirdNumber.age++
}
</script>
```

（3）测试运行。首先在 setup-sugar 项目的终端输入 npm run serve 命令启动服务，然后在浏览器的地址栏中访问 http://localhost:8080/运行项目 setup-sugar 的根组件 App.vue，页面显示效果如图 12.1 所示。

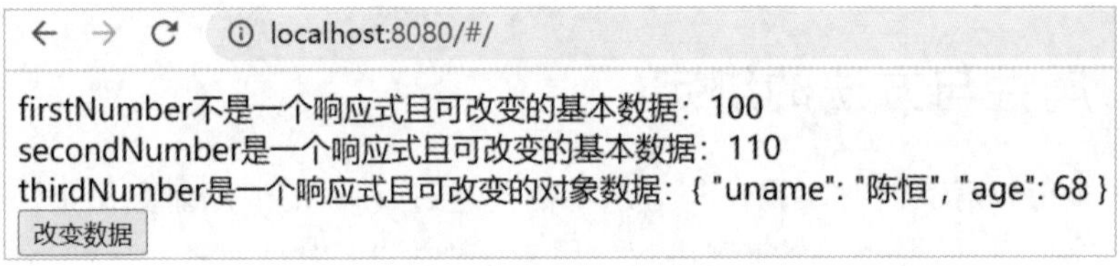

图 12.1　使用 setup 语法糖进行属性与方法的绑定

12.1.2　路由

通过本书 10.2 节对路由知识的学习可知，使用 this.$router.push 可以进行编程式导航，但使用 setup 语法糖时并没有 this，如何进行编程式导航呢？具体做法如下：首先使用 import 语句引入 useRouter，即 import {useRouter} from 'vue-router'；然后使用 useRouter 创建路由对象，即 const router = useRouter()；最后使用路由对象 router 进行编程式导航。

下面通过一个实例讲解使用 setup 语法糖时如何进行编程式导航。

【例 12-2】使用 setup 语法糖进行编程式导航示例。

该例在例 12-1 的基础上完成，其他具体步骤如下：

（1）修改根组件 App.vue。在 setup-sugar 的根组件 App.vue 中，首先使用 import 语句引入 useRouter，然后使用 useRouter 创建路由对象 router，最后使用路由对象 router 进行编程式导航。App.vue 的代码如下：

```
<template>
  <div><button @click="goToNewPage">去 Vue 主页 home</button></div>
  <router-view/>
```

```
</template>
<script setup>
//记住是在vue-router中引入 useRouter
import {useRouter} from 'vue-router'
const router = useRouter()
let goToNewPage = ()=>{
  router.push({name: 'home', params:{uname:'123', pwd:'abc'} })
}
</script>
```

（2）修改路由配置。修改 setup-sugar 的路由配置文件/router/index.js，实现编程式导航。index.js 的代码具体如下：

```
import { createRouter, createWebHashHistory } from 'vue-router'
import HomeView from '../views/HomeView.vue'
const routes = [
  {
    path: '/home',
    name: 'home',
    component: HomeView
  },
  {
    path: '/about',
    name: 'about',
    component: () => import( '../views/AboutView.vue')
  }
]
const router = createRouter({
  history: createWebHashHistory(),
  routes
})
export default router
```

（3）修改 HomeView.vue。在/views/HomeView.vue 文件的<template>中使用$route.params 获得路由参数，并使用 setup 语法糖简化程序。HomeView.vue 的代码具体如下：

```
<template>
  <div class="home">
    <img alt="Vue logo" src="../assets/logo.png">
    <div>
      <h4>uname: {{$route.params.uname}}</h4>
      <h4>pwd: {{$route.params.pwd}}</h4>
    </div>
    <HelloWorld msg="Welcome to Your Vue.js App"/>
  </div>
</template>
<script setup>
//组件只需要引入不需要注册
import HelloWorld from '@/components/HelloWorld.vue'
</script>
```

（4）测试运行。首先在 setup-sugar 项目的 Terminal 终端输入 npm run serve 命令启动服务，然后在浏览器的地址栏中访问 http://localhost:8080/运行项目 setup-sugar 的根组件 App.vue，接着单击"去 Vue 主页 home"按钮，即可通过编程式导航打开 HomeView.vue，HomeView.vue 的显示效果如图 12.2 所示。

图 12.2　HomeView.vue 的显示效果

在例 12-2 中使用 setup 语法糖时，父组件 HomeView 只需要引入子组件 HelloWorld，并没有注册子组件 HelloWorld。另外，在子组件 HelloWorld 中使用 export default {name: 'HelloWorld', props: { msg: String }}接收父组件 HomeView 传递过来的值。但是此时无法在子组件 HelloWorld 中使用 setup 语法糖，即无法获取 props、emit 等。幸运的是，setup 语法糖提供了新的 API（defineProps、defineEmits、defineExpose 等）供用户使用。下面讲解 defineProps、defineEmits、defineExpose 等 API 在组件传值中的具体应用。

扫一扫

视频讲解

12.1.3　组件传值

在子组件中，defineProps 用来接收父组件传来的 props；defineEmits 用来声明触发的事件；defineExpose 用来导出数据，暴露于父组件（在父组件中通过 ref= 'xxx'的方法来获取子组件实例）。下面通过一个具体实例讲解 defineProps、defineEmits、defineExpose 等 API 在组件传值中的具体应用。

【例 12-3】defineProps、defineEmits、defineExpose 等 API 在组件传值中的具体应用。

该例在例 12-2 的基础上完成，其他具体步骤如下：

（1）修改 HomeView.vue。在/views/HomeView.vue 父组件中引入子组件/components/HelloWorld.vue，并传值给子组件，同时接收子组件传递的数据和获得子组件的属性值。HomeView.vue 的代码具体如下：

```
<template>
  <div>
    <!--myAdd和myDel与子组件中使用defineEmits声明向父组件抛出的事件名称相同-->
    <HelloWorld :info="msg" constv="88" @myAdd="myAddAction" @myDel="myDelAction"
```

```
    ref="comRef"/>
        <button @click="getSon">获取子组件的属性值</button>
    </div>
</template>
<script setup>
//组件只需要引入不需要注册
import HelloWorld from '@/components/HelloWorld.vue'
import { ref } from 'vue'
const msg = "传给子组件"
//接收子组件传递过来的数据
const myAddAction= (msg) => {
    console.log('单击子组件的新增按钮传值：', msg)
}
//接收子组件传递过来的数据
const myDelAction= (msg) => {
    console.log('单击子组件的删除按钮传值：', msg)
}
const comRef = ref()
//获取子组件的属性值
const getSon = () => {
    console.log('获得子组件中的性别：', comRef.value.prop1)
    console.log('获得子组件中的其他信息：', comRef.value.prop2)
}
</script>
```

（2）修改 HelloWorld.vue。在/components/HelloWorld.vue 子组件中使用 defineProps 接收父组件 HomeView.vue 的传值，使用 defineEmits 声明向父组件抛出的自定义事件，使用 defineExpose 将数据暴露于父组件。HelloWorld.vue 的代码具体如下：

```
<template>
    <div>
        <h4>接收父组件传值</h4>
        <h4>info: {{ info }}</h4>
        <h4>constv: {{ constv }}</h4>
    </div>
    <div>
        <button @click="add">新增</button>  
        <button @click="del">删除</button>
    </div>
    <div>
        <h4>性别：{{prop1}}</h4>
        <h4>其他信息：{{prop2}}</h4>
    </div>
</template>
<script setup>
import {ref, reactive, defineProps, defineEmits, defineExpose } from 'vue'
const prop1 = ref('男')
const prop2 = reactive({
    uname: '陈恒',
    age: 88
})
//使用 defineExpose 将数据暴露于父组件
```

```
defineExpose({
  prop1,
  prop2
})
//接收父组件传值
defineProps({
  info: {
    type: String,
    default: '-----'
  },
  constv: {
    type: String,
    default: '0'
  }
})
//使用 defineEmits 声明向父组件抛出的自定义事件
const myemits = defineEmits(['myAdd', 'myDel'])
const add = () => {
  //通过抛出 myAdd 事件向父组件传值
  myemits('myAdd', '传向父组件的新增数据')
}
const del = () => {
  myemits('myDel', '传向父组件的删除数据')
}
</script>
<style scoped>
h3 {
  margin: 40px 0 0;
}
</style>
```

（3）测试运行。首先在 setup-sugar 项目的 Terminal 终端输入 npm run serve 命令启动服务，然后在浏览器的地址栏中访问 http://localhost:8080/运行项目 setup-sugar 的根组件 App.vue，接着单击"去 Vue 主页 home"按钮，即可打开 HomeView.vue，HomeView.vue 的显示效果如图 12.3 所示。

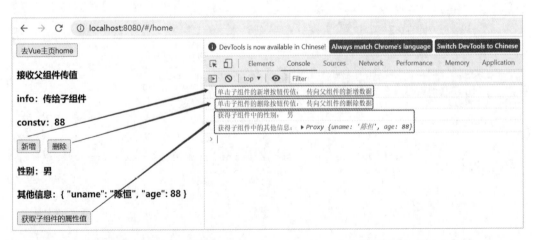

图 12.3　defineProps、defineEmits、defineExpose 等 API 在组件传值中的具体应用

12.2 Element Plus

Element Plus 是一套为开发者、设计师和产品经理准备的基于 Vue3 的组件库，提供了配套设计资源，简化了常用组件的封装，大大降低了开发难度，帮助使用者让网站快速成型。Element Plus 目前还处于快速开发迭代中，其官方文档可以参见官网（https://element-plus.gitee.io/ zh-CN/），如图 12.4 所示。

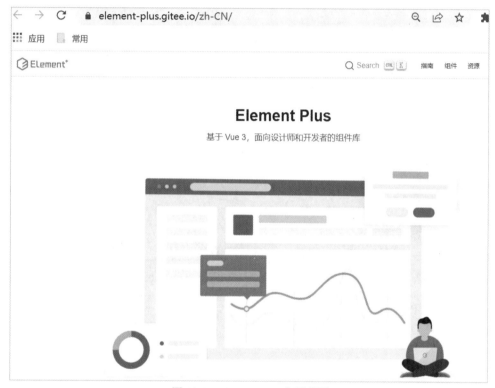

图 12.4　Element Plus 官网首页

12.2.1　Element Plus 的安装

❶ 使用包管理器

建议开发者使用包管理器（例如 npm、yarn、pnpm）安装 Element Plus，以更好地和 Vite、webpack 等打包工具配合使用。根据实际需要，选择一个自己喜欢的包管理器，具体安装命令如下：

```
# npm
$ npm install element-plus --save
# yarn
$ yarn add element-plus
# pnpm
$ pnpm install element-plus·
```

❷ 浏览器直接引入

用户通过 https://unpkg.com/element-plus/dist/ 可以看到 Element Plus 最新版本的资源，也可以切换版本选择需要的资源。直接通过浏览器的 HTML 标签导入 Element Plus，然后就可以使用全局变量ElementPlus。根据不同的CDN提供商有不同的引入方式，这里以 unpkg 和 jsDelivr 举例。用户也可以使用其他的 CDN 供应商。

1）unpkg

使用 unpkg 供应商的安装示例，具体代码如下：

```html
<head>
  <!--导入样式-->
  <link rel="stylesheet" href="https://unpkg.com/element-plus/dist/index.css" />
  <!--导入Vue3-->
  <script src="https://unpkg.com/vue@next"></script>
  <!--导入组件库-->
  <script src="https://unpkg.com/element-plus"></script>
</head>
```

2）jsDelivr

使用 jsDelivr 供应商的安装示例，具体代码如下：

```html
<head>
  <!--导入样式-->
  <link
    rel="stylesheet"
    href="https://cdn.jsdelivr.net/npm/element-plus/dist/index.css"
  />
  <!--导入Vue3-->
  <script src="https://cdn.jsdelivr.net/npm/vue@next"></script>
  <!--导入组件库-->
  <script src="https://cdn.jsdelivr.net/npm/element-plus"></script>
</head>
```

建议使用 CDN 引入 Element Plus 的用户在链接地址上锁定版本，以免将来 Element Plus 升级时受到非兼容性更新的影响。锁定版本的方法请读者查看 https://unpkg.com/。

12.2.2　Element Plus 组件的介绍

Element Plus 组件主要包括 Basic（基础）、Form（表单）、Data（数据展示）、Navigation（导航）、Feedback（反馈）五大类，每类组件又包含很多组件。下面简单介绍每类组件所包含的组件。

❶ **Basic（基础）类组件**

Basic（基础）类组件包括 Button（按钮）、Border（边框）、Color（色彩）、Container（布局容器）、Icon（图标）、Layout（布局）、Link（链接）、Scrollbar（滚动条）、Space（间距）、Typography（排版）等组件。

❷ **Form（表单）类组件**

Form（表单）类组件包括 Cascader（级联选择器）、Checkbox（复选框）、ColorPicker（颜色选择器）、DatePicker（日期选择器）、DateTimePicker（日期时间选择器）、Form（表

单）、Input（输入框）、Input Number（数字输入框）、Radio（单选按钮）、Rate（评分）、Select（选择器）、Select V2（虚拟列表选择器）、Slider（滑块）、Switch（开关）、TimePicker（时间选择器）、TimeSelect（时间选择）、Transfer（穿梭框）、Upload（上传）等组件。

❸ **Data**（数据展示）类组件

Data（数据展示）类组件包括 Avatar（头像）、Badge（徽标）、Calendar（日历）、Card（卡片）、Carousel（走马灯）、Collapse（折叠面板）、Descriptions（描述列表）、Empty（空状态）、Image（图片）、Infinite Scroll（无限滚动）、Pagination（分页）、Progress（进度条）、Result（结果）、Skeleton（骨架屏）、Table（表格）、Virtualized Table（虚拟化表格）、Tag（标签）、Timeline（时间线）、Tree（树形控件）、TreeSelect（树形选择）、Tree V2（树形虚拟化控件）等组件。

❹ **Navigation**（导航）类组件

Navigation（导航）类组件包括 Affix（图钉）、Backtop（回到顶部）、Breadcrumb（面包屑）、Dropdown（下拉菜单）、Menu（菜单）、Page Header（页头）、Steps（步骤条）、Tabs（标签页）等组件。

❺ **Feedback**（反馈）类组件

Feedback（反馈）类组件包括 Alert（提示）、Dialog（对话框）、Drawer（抽屉）、Loading（加载）、Message（消息提示）、MessageBox（消息弹框）、Notification（通知）、Popconfirm（气泡确认框）、Popover（气泡卡片）、Tooltip（文字提示）等组件。

12.2.3 Element Plus 组件的应用

扫一扫

视频讲解

下面通过具体实例简单介绍 Element Plus 组件的使用方式。

【**例 12-4**】参考官方示例，通过 CDN 的方式使用 Element Plus 的 Button（按钮）和 Icon（图标）组件，运行效果如图 12.5 所示。

图 12.5　例 12-4 的运行效果

Element Plus 提供了一套常用的图标集合，但这些图标没有默认在组件中，需要另外安装才能使用，其安装方式与 Element Plus 的安装方式相同。本例通过浏览器直接引入 Element Plus 的 icons-vue（例如<script src="//unpkg.com/@element-plus/icons-vue"></script>），然后就可以使用全局变量 ElementPlusIconsVue 了。

官方示例使用 TypeScript 编写，去掉 "lang="ts""，代码运行虽然不报任何错误，但按钮上的图标是不出现的。使用 JavaScript 编写本例，图标可以正常显示，具体代码如下：

```html
<html>
  <head>
    <meta charset="utf-8" />
   <!-- import vue-->
    <script src="https://unpkg.com/vue@next"></script>
    <!-- import Element-Plus CSS-->
    <link rel="stylesheet" href="https://unpkg.com/element-plus/dist/index.css">
    <!-- import Element-Plus JavaScript -->
    <script src="https://unpkg.com/element-plus"></script>
<!--直接通过浏览器的 HTML 标签导入 Element Plus 的 icons-vue（图标），
    然后就可以使用全局变量 ElementPlusIconsVue 了-->
    <script src="https://unpkg.com/@element-plus/icons-vue"></script>
    <title>按钮组件</title>
  </head>
  <div id="app">
  <el-row>
    <el-button>Default</el-button>
    <el-button type="primary">Primary</el-button>
    <el-button type="success">Success</el-button>
    <el-button type="info">Info</el-button>
    <el-button type="warning">Warning</el-button>
    <el-button type="danger">Danger</el-button>
    <el-button>中文</el-button>
  </el-row>
  <el-row>
    <el-button plain>Plain</el-button>
    <el-button type="primary" plain>Primary</el-button>
    <el-button type="success" plain>Success</el-button>
    <el-button type="info" plain>Info</el-button>
    <el-button type="warning" plain>Warning</el-button>
    <el-button type="danger" plain>Danger</el-button>
  </el-row>
  <el-row>
    <el-button round>Round</el-button>
    <el-button type="primary" round>Primary</el-button>
    <el-button type="success" round>Success</el-button>
    <el-button type="info" round>Info</el-button>
    <el-button type="warning" round>Warning</el-button>
    <el-button type="danger" round>Danger</el-button>
  </el-row>
  <el-row>
    <el-button :icon="Search" circle><el-icon><Search/></el-icon></el-button>
    <el-button type="primary" circle><el-icon><Edit/></el-icon></el-button>
    <el-button type="success" circle><el-icon><Check/></el-icon></el-button>
    <el-button type="info" circle><el-icon><Message/></el-icon></el-button>
    <el-button type="warning" circle><el-icon><Star/></el-icon></el-button>
    <el-button type="danger" circle><el-icon><Delete/></el-icon></el-button>
  </el-row>
</div>
<script>
  const app = Vue.createApp();
```

```
    //注册所有图标
    for (const [key, component] of Object.entries(ElementPlusIconsVue)) {
        app.component(key, component)
    }
    //使用ElementPlus
    app.use(ElementPlus);
    app.mount("#app");
</script>
```

限于篇幅，本章仅简要介绍Element Plus组件库的应用，读者可以从官网上查阅相关组件的使用方法。例如需要使用Button组件中的"实例"，只需要将鼠标移至"实例"下方的"< >"处，此时会显示"查看源代码"超链接，单击超链接可以显示代码，然后将代码复制到自己的项目中即可，如图12.6所示。

图12.6　Element Plus组件的使用方法

下面通过实例讲解如何在使用Vue CLI(Vue脚手架)搭建的Vue.js项目中应用Element Plus组件。

【例12-5】在使用Vue CLI搭建的Vue.js项目中应用Element Plus组件实现例12-4的功能。

其具体步骤如下：

（1）使用Vue CLI搭建Vue.js项目。参考10.2节，使用Vue CLI搭建Vue.js项目elementplus-vue。

（2）安装Element Plus和@element-plus/icons-vue。使用VSCode打开项目elementplus-vue，并进入Terminal终端，依次执行"npm install element-plus --save"和"npm install @element-plus/ icons-vue"命令，进行Element Plus和@element-plus/icons-vue的安装。

（3）引入Element Plus组件并注册图标组件ElementPlusIconsVue。在elementplus-vue

的 main.js 文件中完整引入 Element Plus，并注册图标组件 ElementPlusIconsVue。main.js
的代码具体如下：

```
import { createApp } from 'vue'
import ElementPlus from 'element-plus'
import 'element-plus/dist/index.css'
import * as ElementPlusIconsVue from '@element-plus/icons-vue'
import App from './App.vue'
const app = createApp(App)
//注册所有图标
for (const [key, component] of Object.entries(ElementPlusIconsVue)) {
    app.component(key, component)
}
//使用ElementPlus
app.use(ElementPlus).mount('#app')
```

（4）在根组件 App.vue 中使用 Element Plus 组件。在 elementplus-vue 的根组件 App.vue
中，使用 Element Plus 组件实现例 12-4 的功能。App.vue 的代码具体如下：

```
<template>
  <el-row class="mb-4">
    <el-button>Default</el-button>
    <el-button type="primary">Primary</el-button>
    <el-button type="success">Success</el-button>
    <el-button type="info">Info</el-button>
    <el-button type="warning">Warning</el-button>
    <el-button type="danger">Danger</el-button>
    <el-button>中文</el-button>
  </el-row>
  <el-row class="mb-4">
    <el-button plain>Plain</el-button>
    <el-button type="primary" plain>Primary</el-button>
    <el-button type="success" plain>Success</el-button>
    <el-button type="info" plain>Info</el-button>
    <el-button type="warning" plain>Warning</el-button>
    <el-button type="danger" plain>Danger</el-button>
  </el-row>
  <el-row class="mb-4">
    <el-button round>Round</el-button>
    <el-button type="primary" round>Primary</el-button>
    <el-button type="success" round>Success</el-button>
    <el-button type="info" round>Info</el-button>
    <el-button type="warning" round>Warning</el-button>
    <el-button type="danger" round>Danger</el-button>
  </el-row>
  <el-row>
    <el-button :icon="Search" circle />
    <el-button type="primary" :icon="Edit" circle />
    <el-button type="success" :icon="Check" circle />
    <el-button type="info" :icon="Message" circle />
    <el-button type="warning" :icon="Star" circle />
```

```
    <el-button type="danger" :icon="Delete" circle />
</el-row>
</template>
<script setup>
import {
  Check,
  Delete,
  Edit,
  Message,
  Search,
  Star,
} from '@element-plus/icons-vue'
</script>
```

（5）运行测试。首先在 elementplus-vue 项目的 Terminal 终端输入 npm run serve 命令启动服务，然后在浏览器的地址栏中访问 http://localhost:8080/ 运行项目 elementplus-vue，页面显示效果与例 12-4 相同，这里不再赘述。

12.2.4 按需引入 Element Plus

在例 12-5 中完整引入 Element Plus，将使打包后的文件很大，并且首页加载稍慢。如果用户对打包后文件的大小不是很在乎，使用完整引入会更方便；如果用户对打包后文件的大小很在乎，建议按需引入 Element Plus。那么如何按需引入 Element Plus 呢？推荐开发者使用额外的插件 unplugin-vue-components 和 unplugin-auto-import 来自动引入要使用的组件。

下面在例 12-5 的基础上讲解如何使用插件 unplugin-vue-components 和 unplugin-auto-import 来自动按需引入要使用的 Element Plus 组件，具体步骤如下：

（1）安装插件。打开项目 elementplus-vue 的 Terminal 终端，执行 "npm install -D unplugin-vue-components unplugin-auto-import" 命令，安装 unplugin-vue-components 和 unplugin-auto-import 插件。

（2）配置插件。打开项目 elementplus-vue 的配置文件 vue.config.js，并配置 unplugin-vue-components 和 unplugin-auto-import 插件，具体配置代码如下：

```
const { defineConfig } = require("@vue/cli-service");
const AutoImport = require("unplugin-auto-import/webpack");
const Components = require("unplugin-vue-components/webpack");
const { ElementPlusResolver } = require("unplugin-vue-components/resolvers");
module.exports = defineConfig({
  transpileDependencies: true,
  configureWebpack: {
    plugins: [
      AutoImport({
        resolvers: [ElementPlusResolver()],
      }),
      Components({
        resolvers: [ElementPlusResolver()],
```

```
        }),
    ],
  },
});
```

（3）修改 main.js 文件，去除完整引入。修改项目 elementplus-vue 的配置文件 main.js，去除完整引入。main.js 的具体代码如下：

```
import { createApp } from 'vue'
//import ElementPlus from 'element-plus'  //完整引入
//import 'element-plus/dist/index.css'
//引入图标
import * as ElementPlusIconsVue from '@element-plus/icons-vue'
import App from './App.vue'
const app = createApp(App)
//注册所有图标
for (const [key, component] of Object.entries(ElementPlusIconsVue)) {
    app.component(key, component)
}
//使用 ElementPlus
//app.use(ElementPlus).mount('#app')  //完整引入
app.mount('#app')
```

经过上述 3 个步骤，即可按需自动引入 Element Plus 组件，使用起来也极其方便，因此推荐开发者使用此方式按需自动引入 Element Plus 组件。

（4）运行测试。首先在 elementplus-vue 项目的终端输入 npm run serve 命令启动服务，然后在浏览器的地址栏中访问 http://localhost:8080/运行项目 elementplus-vue，运行效果如图 12.7 所示。

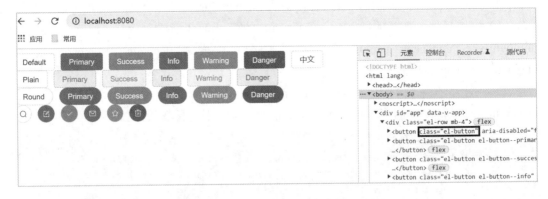

图 12.7　按需自动引入 Element Plus 组件

从图 12.7 可以看出，按需自动引入 Element Plus 组件时自动引入了 ElButton 组件，并引入了组件样式，不过当需要使用命令的方式创建 Element Plus 组件时还需要以 import 的方式引入。示例代码如下：

```
<template>
    <el-button v-on:click="gogo">Round</el-button>
</template>
```

```
<script setup>
import { ElMessage } from 'element-plus'
const gogo = () => {
    ElMessage.warning('注意注意！')
}
</script>
```

12.3　View UI Plus

View UI Plus 是 View Design 设计体系中基于 Vue.js 3 的一套 UI 组件库，主要用于企业级中后台系统。View UI Plus 提供了超过 80 个常用底层组件（例如 Button、Input、DatePicker 等）及业务组件（例如 City、Auth、Login 等），对于详细文档，读者可以查阅官方网站 https://www.iviewui.com/。

12.3.1　View UI Plus 的安装

❶ 使用包管理器

建议开发者使用 npm 包管理器安装 View UI Plus，这样能更好地和 webpack 等打包工具配合使用，享受生态圈和工具带来的便利。

其具体安装命令如下：

```
$ npm install view-ui-plus --save
```

❷ 浏览器直接引入

用户通过 https://unpkg.com/view-ui-plus/dist/可以看到 View UI Plus 最新版本的资源，也可以切换版本选择需要的资源，在页面上 CDN 引入.js 和.css 文件即可开始使用全局变量 ViewUIPlus。引入示例的代码具体如下：

```
<!-- import Vue.js -->
<script src="https://unpkg.com/vue@next"></script>
<!-- import stylesheet -->
<link rel="stylesheet" href="https://unpkg.com/view-ui-plus/dist/styles/
viewuiplus.css">
<!-- import View UI Plus -->
<script src="https://unpkg.com/view-ui-plus"></script>
```

下面通过一个实例讲解如何使用 CDN 引入的方式快速应用 View UI Plus 组件。

【例 12-6】使用 CDN 引入的方式快速应用 View UI Plus 的对话框组件，运行效果如图 12.8 所示。

其具体代码如下：

```
<!DOCTYPE html>
<html>
<head>
    <meta charset="utf-8">
    <title>View UI Plus example</title>
    <!--引入CSS-->
```

```html
    <link rel="stylesheet" type="text/css" href="https://unpkg.com/view-ui-
    plus/dist/styles/viewuiplus.css">
    <!--引入Vue.js-->
    <script src="https://unpkg.com/vue@next"></script>
    <!--引入View UI Plus-->
    <script src="https://unpkg.com/view-ui-plus"></script>
</head>
<body>
<div id="app">
    <i-button @click="show">单击</i-button>
    <!--对话框-->
    <Modal v-model="visible" title="Welcome">View UI Plus 欢迎您！</Modal>
</div>
<script>
    const app = Vue.createApp({
        data() {
            return {
                visible: false
            }
        },
        methods: {
            show() {
                this.visible = true;
            }
        }
    });
    app.use(ViewUIPlus);
    app.mount("#app");
</script>
</body>
</html>
```

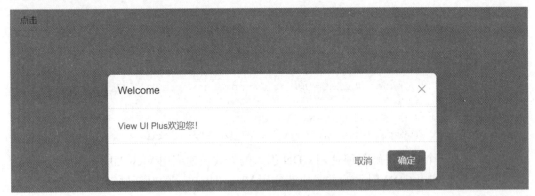

图 12.8　例 12-6 的运行效果

12.3.2　View UI Plus 组件的介绍

　　View UI Plus 组件主要包括基础、表单、布局、导航、视图、图表、其他 7 大类，每类组件又包含很多组件。下面简单介绍每类组件所包含的组件。

❶ 基础类组件

基础类组件包括 Button（按钮）、Icon（图标）、Typography（排版）、Space（间距）等组件。

❷ 表单类组件

表单类组件包括 Form（表单）、Login（登录）、Input（输入框）、Radio（单选按钮）、Checkbox（复选框）、Switch（开关）、Table（表格）、TablePaste（粘贴表格数据）、Select（选择器）、TreeSelect（树选择）、City（城市选择器）、AutoComplete（自动完成）、Slider（滑块）、DatePicker（日期选择器）、TimePicker（时间选择器）、Cascader（级联选择）、Transfer（穿梭框）、InputNumber（数字输入框）、Rate（评分）、Upload（上传）、TagSelect（标签选择器）、ColorPicker（颜色选择器）等组件。

❸ 布局类组件

布局类组件包括 Row/Col（栅格）、Grid（宫格）、Layout（布局）、List（列表）、Card（卡片）、Skeleton（骨架屏）、Collapse（折叠面板）、Split（面板分割）、Divider（分隔线）、Cell（单元格）、DescriptionList（描述列表）、PageHeader（页头）、GlobalFooter（全局页脚）、Ellipsis（文本溢出自动显示省略号）、FooterToolbar（底部工具栏）等组件。

❹ 导航类组件

导航类组件包括 Menu（导航菜单）、Tabs（标签页）、Dropdown（下拉菜单）、Page（分页）、Breadcrumb（面包屑）、Badge（徽标）、Anchor（锚点）、Steps（步骤条）、LoadingBar（加载进度条）等组件。

❺ 视图类组件

视图类组件包括 Alert（警告提示）、Message（全局提示）、Notice（通知提醒）、Modal（对话框）、Drawer（抽屉）、Image（图片）、Notification（通知菜单）、Calendar（日历）、Tree（树形控件）、Tooltip（文字提示）、Poptip（气泡提示）、Progress（进度条）、Result（处理结果）、Exception（异常）、Avatar（头像）、AvatarList（头像列表）、Tag（标签）、Carousel（走马灯）、Timeline（时间轴）、Time（相对时间）、Trend（趋势标记）等组件。

❻ 图表类组件

图表类组件包括 Circle（进度环）组件。

❼ 其他类组件

其他类组件包括 Affix（图钉）、BackTop（返回顶部）、Spin（加载中）、Scroll（无限滚动）、Auth（鉴权）、CountDown（倒计时）、CountUp（数字动画）、Numeral（数字格式化）、NumberInfo（数据文本）、WordCount（字数统计）等组件。

12.3.3 View UI Plus 组件的应用

扫一扫

视频讲解

在例 12-6 中讲解了如何使用 CDN 引入的方式快速应用 View UI Plus 组件。下面通过实例讲解如何在使用 Vue CLI 搭建的 Vue.js 项目中应用 View UI Plus 组件。

【例 12-7】在使用 Vue CLI 搭建的 Vue.js 项目中应用 View UI Plus 组件实现 Tree 树形控件的功能。

其具体步骤如下：

（1）使用 Vue CLI 搭建 Vue.js 项目。使用 Vue CLI 搭建 Vue.js 项目 viewuiplus-vue。

（2）安装 View UI Plus。使用 VSCode 打开项目 viewuiplus-vue，并进入 Terminal 终端，执行"npm install view-ui-plus --save"命令，进行 View UI Plus 的安装。

（3）引入 View UI Plus。在 viewuiplus-vue 的 main.js 文件中，完整引入 View UI Plus，main.js 的代码具体如下：

```
import { createApp } from 'vue'
import ViewUIPlus from 'view-ui-plus'
import App from './App.vue'
import 'view-ui-plus/dist/styles/viewuiplus.css'
createApp(App).use(ViewUIPlus).mount('#app')
```

（4）在根组件 App.vue 中应用 View UI Plus 组件实现 Tree 树形控件。在 viewuiplus-vue 的根组件 App.vue 中，应用 View UI Plus 组件实现 Tree 树形控件的功能，App.vue 的代码具体如下：

```
<template>
    //可勾选的树形控件
    <Tree :data="data" show-checkbox></Tree>
</template>
<script setup>
const data = [
  {
    title: "软件学院",
    expand: true,
    children: [
      {
        title: "计算机大类",
        expand: true,
        children: [
          {
            title: "计算机科学与技术",
          },
          {
            title: "软件工程",
          },
          {
            title: "网络工程",
          },
        ],
      },
      {
        title: "管理大类",
        expand: true,
        children: [
          {
            title: "信息管理与信息系统",
          },
          {
            title: "大数据管理与应用",
          },
        ],
```

```
    },
  ],
 },
]
</script>
```

（5）运行测试。首先在 viewuiplus-vue 项目的 Terminal 终端输入 npm run serve 命令启动服务，然后在浏览器的地址栏中访问 http://localhost:8080/运行项目 viewuiplus-vue，页面显示效果如图 12.9 所示。

12.3.4　按需引入 View UI Plus

推荐开发者借助 babel-plugin-import 插件实现按需加载 View UI Plus 组件，减小打包文件的大小。下面在例 12-7 的基础上讲解如何使用 babel-plugin-import 插件按需引入要使用的 View UI Plus 组件，具体步骤如下：

（1）安装插件。打开项目 viewuiplus-vue 的 Terminal 终端，执行 "npm install babel-plugin-import --save-dev" 命令，安装 babel-plugin-import 插件。

图 12.9　例 12-7 的运行效果

（2）配置插件。打开项目 viewuiplus-vue 的配置文件 babel.config.js，并配置 babel-plugin-import 插件，具体配置代码如下：

```
module.exports = {
  presets: [
    '@vue/cli-plugin-babel/preset'
  ],
  "plugins": [
    [
      "import",
      {
        "libraryName": "view-ui-plus",
        "libraryDirectory": "src/components"
      },
      "view-ui-plus"
    ]
  ]
}
```

（3）修改 main.js 文件，按需引入。修改项目 viewuiplus-vue 的配置文件 main.js，去除完整引入，并进行按需引入。main.js 的具体代码如下：

```
import { createApp } from 'vue'
//import ViewUIPlus from 'view-ui-plus'          //完整引入
import App from './App.vue'
import 'view-ui-plus/dist/styles/viewuiplus.css'  //按需引入，仍然需要引入样式
//createApp(App).use(ViewUIPlus).mount('#app')    //完整引入
//以下是按需引入的写法
```

```
import { Tree} from 'view-ui-plus';                    //按需引入
const app = createApp(App);
// eslint-disable-next-line vue/multi-word-component-names
app.component('Tree', Tree);                           //按需引入
app.mount('#app')
```

经过上述 3 个步骤即可完成按需引入 View UI Plus 组件。需要注意的是，按需引入仍然需要导入样式，即在 main.js 或根组件中执行 "import 'view-ui-plus/dist/styles/viewuiplus.css';" 语句。

12.4   Vant UI

Vant 是一个轻量、可靠的移动端组件库，于 2017 年开源。目前 Vant 官方提供了 Vue2 版本、Vue3 版本和微信小程序版本，并由社区团队维护 React 版本和支付宝小程序版本（详细文档可以查阅官方网站 https://vant-contrib.gitee.io/vant/）。

12.4.1   Vant UI 的安装

❶ 使用包管理器

建议开发者使用 npm 包管理器安装 Vant UI，这样能更好地和 webpack 等打包工具配合使用，享受生态圈和工具带来的便利。

其具体安装命令如下：

```
# Vue3 项目，安装最新版 Vant
npm i vant
# Vue2 项目，安装 Vant2
npm i vant@latest-v2
```

❷ 浏览器直接引入

使用 Vant 最简单的方法是直接在 HTML 文件中引入 CDN 链接，之后可以通过全局变量 vant 访问到所有组件。引入示例的代码具体如下：

```
<!--引入样式文件-->
<link rel="stylesheet" href="https://unpkg.com/vant/lib/index.css"/>
<!--引入 Vue 和 Vant 的 JS 文件-->
<script type="text/javascript" src="https://unpkg.com/vue@next"></script>
<script type="text/javascript" src="https://unpkg.com/vant"></script>
```

下面通过一个实例讲解如何使用 CDN 引入的方式快速应用 Vant UI 组件。

【例 12-8】使用 CDN 引入的方式快速应用 Vant UI 的自定义按钮滑块组件，运行效果如图 12.10 所示。

其具体代码如下：

```
<!DOCTYPE html>
<html>
<head>
    <meta charset="utf-8">
```

```
        <title>Vant UI 自定义按钮滑块</title>
        <!--引入样式文件-->
        <link rel="stylesheet" href="https://unpkg.com/vant/lib/index.css"/>
        <!--引入 Vue 和 Vant 的 JS 文件-->
        <script src="https://unpkg.com/vue@next"></script>
        <script src="https://unpkg.com/vant"></script>
<style>
    .custom-button {
        width: 26px;
        color: #fff;
        font-size: 10px;
        line-height: 18px;
        text-align: center;
        background-color: #ee0a24;
        border-radius: 100px;
    }
</style>
</head>
<body>
<div id="app">
<br>
<br>
<van-slider v-model="value" active-color="#ee0a24" @change="onChange">
    <template #button>
        <div class="custom-button">{{ value }}</div>
    </template>
</van-slider>
</div>
<script>
    const app = Vue.createApp({
    setup() {
        //初始值
        const value = Vue.ref(50);
        const onChange = (value) => vant.Toast('当前值: ' + value);
        return {
            value,
            onChange,
        };
    },
    });
    app.use(vant);
    app.mount("#app");
</script>
</body>
</html>
```

图 12.10　例 12-8 的运行效果

12.4.2　Vant UI 组件的介绍

Vant UI 组件主要包括基础、表单、反馈、展示、导航、业务 6 大类，每类组件又包含很多组件，下面简单介绍每类组件所包含的组件。

❶ 基础类组件

基础类组件包括 Button（按钮）、Cell（单元格）、ConfigProvider（全局配置）、Icon（图标）、Image（图片）、Layout（布局）、Popup（弹出层）、Style（内置样式）、Toast（轻提示）等组件。

❷ 表单类组件

表单类组件包括 Calendar（日历）、Cascader（级联选择）、Checkbox（复选框）、DatetimePicker（时间选择）、Field（输入框）、Form（表单）、NumberKeyboard（数字键盘）、PasswordInput（密码输入框）、Picker（选择器）、Radio（单选按钮）、Rate（评分）、Search（搜索）、Slider（滑块）、Stepper（步进器）、Switch（开关）、Uploader（文件上传）等组件。

❸ 反馈类组件

反馈类组件包括 ActionSheet（动作面板）、Dialog（弹出框）、DropdownMenu（下拉菜单）、Loading（加载）、Notify（消息提示）、Overlay（遮罩层）、PullRefresh（下拉刷新）、ShareSheet（分享面板）、SwipeCell（滑动单元格）等组件。

❹ 展示类组件

展示类组件包括 Badge（徽标）、Circle（环形进度条）、Collapse（折叠面板）、CountDown（倒计时）、Divider（分割线）、Empty（空状态）、ImagePreview（图片预览）、Lazyload（懒加载）、List（列表）、NoticeBar（通知栏）、Popover（气泡弹出框）、Progress（进度条）、Skeleton（骨架屏）、Steps（步骤条）、Sticky（粘性布局）、Swipe（轮播）、Tag（标签）等组件。

❺ 导航类组件

导航类组件包括 ActionBar（动作栏）、Grid（宫格）、IndexBar（索引栏）、NavBar（导航栏）、Pagination（分页）、Sidebar（侧边导航）、Tab（标签页）、Tabbar（标签栏）、TreeSelect（分类选择）等组件。

❻ 业务类组件

业务类组件包括 AddressEdit（地址编辑）、AddressList（地址列表）、Area（省市区选择）、Card（卡片）、ContactCard（联系人卡片）、ContactEdit（联系人编辑）、Coupon（优惠券选择器）、SubmitBar（提交订单栏）等组件。

12.4.3　Vant UI 组件的应用

在例 12-8 中，讲解了如何使用 CDN 引入的方式快速应用 Vant UI 组件。下面通过实例讲解如何在使用 Vue CLI 搭建的 Vue.js 项目中应用 Vant UI 组件。

【例 12-9】在使用 Vue CLI 搭建的 Vue.js 项目中应用 Vant UI 组件实现日期区间选择的功能。

扫一扫

视频讲解

其具体步骤如下：

（1）使用 Vue CLI 搭建 Vue.js 项目。使用 Vue CLI 搭建 Vue.js 项目 vant-ui-vue。

（2）安装 Vant。使用 VSCode 打开项目 vant-ui-vue，并进入终端，执行"npm i vant"命令安装最新版 Vant。

（3）引入 Vant UI 组件。在 vant-ui-vue 的 main.js 文件中完整引入 Vant UI 组件，main.js 的具体代码如下：

```
import { createApp } from 'vue'
import App from './App.vue'
import Vant from 'vant';
import 'vant/lib/index.css';
createApp(App).use(Vant).mount('#app')
```

（4）在根组件 App.vue 中应用 Vant UI 组件实现日期区间选择。在 vant-ui-vue 的根组件 App.vue 中应用 Vant UI 组件实现日期区间选择的功能，App.vue 的具体代码如下：

```
<template>
<van-cell title="选择日期区间" :value="date" @click="show = true" />
<van-calendar v-model:show="show" type="range" @confirm="onConfirm" />
</template>
<script setup>
import { ref } from 'vue'
const date = ref('')
const show = ref(false)
const formatDate = (date) => '${date.getMonth() + 1}/${date.getDate()}'
const onConfirm = (values) => {
  const [start, end] = values
  show.value = false
  date.value = '${formatDate(start)} - ${formatDate(end)}'
}
</script>
```

（5）运行测试。首先在 vant-ui-vue 项目的终端输入 npm run serve 命令启动服务，然后在浏览器的地址栏中访问 http://localhost:8080/运行项目 vant-ui-vue，页面显示效果如图 12.11 所示。

12.4.4 按需引入 Vant UI

推荐开发者借助 unplugin-vue-components 插件实现按需加载 Vant UI 组件，减小打包文件的大小。下面在例 12-9 的基础上讲解如何使用 unplugin-vue-components 插件按需引入要使用的 Vant UI 组件，具体步骤如下：

（1）安装插件。打开项目 vant-ui-vue 的 Terminal 终端，执行"npm i unplugin-vue-components -D"命令安装 unplugin-vue-components 插件。

（2）配置插件。打开项目 vant-ui-vue 的配置文件 vue.config.js，并配置 unplugin-vue-components 插件，具体配置代码如下：

```
const { defineConfig } = require('@vue/cli-service')
const { VantResolver } = require('unplugin-vue-components/resolvers');
```

扫一扫

视频讲解

图 12.11　例 12-9 的运行效果

```
const ComponentsPlugin = require('unplugin-vue-components/webpack');
module.exports = defineConfig({
  transpileDependencies: true,
  configureWebpack: {
    plugins: [
      ComponentsPlugin({
        resolvers: [VantResolver()],
      }),
    ],
  },
})
```

（3）修改 main.js 文件，按需引入。修改项目 vant-ui-vue 的配置文件 main.js，去除完整引入，并进行按需引入。main.js 的具体代码如下：

```
import { createApp } from 'vue'
import App from './App.vue'
//以下是完整引入
//import Vant from 'vant';
//import 'vant/lib/index.css';
//createApp(App).use(Vant).mount('#app')
//以下是按需引入
import { Calendar } from 'vant';
const app = createApp(App);
app.use(Calendar);
app.mount('#app')
```

经过上述 3 个步骤即可完成按需引入 Vant UI 组件。需要注意的是，Vant 中有个别组件是以函数的形式提供的，包括 Toast、Dialog、Notify 和 ImagePreview 组件。在使用函数组件时，unplugin-vue-components 插件无法自动引入对应的样式，因此需要手动引入样式。其具体代码如下：

```
// Toast
import { Toast } from 'vant';
import 'vant/es/toast/style';
// Dialog
import { Dialog } from 'vant';
import 'vant/es/dialog/style';
// Notify
import { Notify } from 'vant';
import 'vant/es/notify/style';
// ImagePreview
import { ImagePreview } from 'vant';
import 'vant/es/image-preview/style'
```

12.5　其他 UI 组件库

除了本章介绍的 Element Plus、View UI Plus 和 Vant UI 组件库以外，还有很多适用于 Vue.js 的 UI 组件库，例如 Ant Design Vue、BootStrapVue、Mint UI 等。

❶ Ant Design Vue

Ant Design Vue 是使用 Vue 实现的遵循 Ant Design 设计规范的高质量 UI 组件库，用于开发和服务于企业级中后台产品，具有以下特性：

（1）提炼自企业级中后台产品的交互语言和视觉风格。

（2）开箱即用的高质量 Vue 组件。

（3）共享 Ant Design of React 设计工具体系。

对于详细的学习文档，请读者参见官方网站 https://www.antdv.com/。

❷ BootStrapVue

BootstrapVue 是基于 Vue 和最受人们欢迎的 CSS 前端框架——Bootstrap v4 实现的，使用 BootstrapVue 可构建响应式、移动优先和 ARIA（Accessible Rich Internet Application，可访问的富媒体应用，即无障碍友好应用）项目。

BootstrapVue 拥有 40 多个可用插件和 80 多个自定义 UI 组件、指令以及 300 多个图标，全面兼容并符合 Bootstrap v4 组件和网格系统规范。在编写本书时，其最新版本是 v2.22.0，支持 Vue.js 2.6，并具备广泛和自动的 WAI-ARIA 可访问性友好支持。对于详细的学习文档，请读者参见官方网站 https://bootstrap-vue.org/。

❸ Mint UI

Mint UI 是基于 Vue 的移动端组件库，具有以下特性：

（1）Mint UI 包含丰富的 CSS 和 JS 组件，能够满足日常的移动端开发需要。通过它可以快速构建出风格统一的页面，提升开发效率。

（2）真正意义上的按需加载组件。可以只加载声明过的组件及其样式文件，无须再纠结文件的体积过大。

（3）考虑到移动端的性能门槛，Mint UI 采用 CSS3 处理各种动效，避免浏览器进行不必要的重绘和重排，从而使用户获得流畅顺滑的体验。

（4）依托 Vue.js 高效的组件化方案，Mint UI 做到了轻量化，即使全部引入，压缩后的文件体积也仅有 30KB 左右。

对于详细的学习文档，请读者参见官方网站 http://mint-ui.github.io/。

❹ **Vue Material**

Vue Material 是一个建立在 Google 公司的 Material Design 基础上的轻量级框架，是一个实现 Google 像素材料设计的 Vue 组件库，它提供了适合所有现代 Web 浏览器的内置动态主题的组件。对于详细的学习文档，请读者参见官方网站 https://www.creative-tim.com/vuematerial/。

❺ **Vuetify**

基于 Material Design 风格的界面非常漂亮美观，但由于 UI 和动效细节非常多，纯手写这种风格的组件非常费劲，而 Vuetify 是一个能帮助开发者快速构建基于 Material Design 风格应用的优秀框架。Vuetify 能够让没有任何设计技能的开发者创造出时尚的 Material 风格界面。对于详细的学习文档，请读者参见官方网站 https://vuetifyjs.com/en/。

本 章 小 结

本章主要介绍了 setup 语法糖的用法以及 Vue 常用的 UI 组件库的安装与初步应用。开发者可以根据工程项目的实际需要选择相关 Vue UI 框架，可以完整引入，也可以按需引入（推荐）。对于各种 Vue UI 框架的使用方法，读者可以查看相关官方开发指南。

习 题 12

1. 举例说明 defineProps、defineEmits、defineExpose 等 API 的具体应用。
2. 在使用 setup 语法糖时如何进行编程式导航？
3. Vue UI 组件库的引入方法有哪些？这些方法各有什么优缺点？

第13章 电子商务平台的前端设计与实现

学习目的与要求

本章通过一个小型电子商务平台的前端界面设计，讲述如何使用 Vue CLI、Vite 等前端开发与构建工具开发一个 Vue 前端应用，其中主要涉及的技术包括 Vue、Vue Router、Element Plus、webpack、Vite、WebStorage 等前端技术。通过本章的学习，希望读者掌握基于 Vue CLI、Vite 等前端开发与构建工具的 Vue 前端应用开发的流程、方法以及技术栈。

本章主要内容

❖ 系统设计
❖ 实现技术
❖ 系统管理
❖ 后台管理实现
❖ 电子商务实现

本章中使用 Vite 开发与构建后台管理子系统，使用 Vue CLI 开发与构建电子商务子系统，集成开发平台为 VSCode。

13.1 系 统 设 计

电子商务平台有两个子系统，一个是后台管理子系统，另一个是电子商务子系统。下面分别介绍这两个子系统的功能需求与模块划分。

13.1.1 系统的功能需求

❶ 后台管理子系统

后台管理子系统要求管理员登录成功后才能对商品进行管理，包括添加商品、查询商品、修改商品以及删除商品。除进行商品管理以外，管理员还要进行商品类型管理、用户订单管理、销量统计、订单统计等。

❷ 电子商务子系统

1）非注册用户

非注册用户或未登录用户具有浏览首页、查看商品详情以及搜索商品的权限。

2）用户

成功登录的用户除了具有未登录用户具有的权限以外，还具有购买商品、查看购物车、收藏商品、查看订单、查看收藏以及查看用户信息的权限。

13.1.2 系统的模块划分

❶ 后台管理子系统

管理员登录成功后进入后台管理主页面，可以对商品、商品类型、订单进行管理，还可以对销量、订单进行统计。后台管理子系统的模块划分如图 13.1 所示。

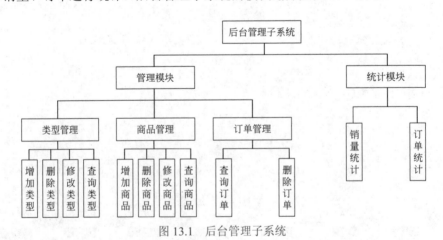

图 13.1 后台管理子系统

❷ 电子商务子系统

非注册用户只可以浏览商品、搜索商品，不能购买商品、收藏商品、查看购物车、查看个人信息、查看我的订单和我的收藏。成功登录的用户可以完成电子商务子系统的所有功能，包括浏览商品、购买商品等功能。电子商务子系统的模块划分如图 13.2 所示。

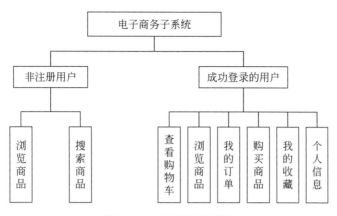

图 13.2　电子商务子系统

13.2 实 现 技 术

为了让读者了解 Vite 构建工具，本节将对后台管理子系统和电子商务子系统分别使用 Vite 和 Vue CLI 进行构建。

13.2.1　使用 Vite 构建后台管理子系统

Vite（语意为"快速的"，发音为/vit/，发音同"veet"）是一种新型的前端构建工具，能够显著提升前端开发体验。Vite 意在提供开箱即用的配置，同时它的插件 API 和 JavaScript API 带来了高度的可扩展性，并有完整的类型支持。Vite 主要由以下两部分组成。

（1）一个开发服务器：它基于原生 ES 模块提供了丰富的内建功能，速度快、模块热更新。

（2）一套构建指令：它使用 Rollup 打包代码，并且是预配置的，可输出用于生产环境的高度优化过的静态资源。

在浏览器支持 ES 模块之前，JavaScript 并没有提供原生机制让开发者以模块化的方式进行开发。这也正是人们对"打包"这个概念熟悉的原因：使用工具抓取、处理并将源代码模块串联成可以在浏览器中运行的文件。

webpack、Rollup 和 Parcel 等工具的变迁极大地改善了前端开发者的开发体验。

然而，当构建越来越大型的应用时，需要处理的 JavaScript 代码量也呈指数级增长。人们开始遇到性能瓶颈——使用 JavaScript 开发的工具通常需要很长时间（甚至是几分钟）才能启动开发服务器，即使使用 HMR（模块热替换），文件修改后的效果也需要几秒钟才能在浏览器中反映出来。如此循环往复，迟钝的反馈会极大地影响开发者的开发效率和编程体验。

Vite 旨在利用生态系统中的新进展解决上述问题：浏览器开始支持原生 ES 模块，且越来越多的 JavaScript 工具使用编译型语言编写。

当冷启动开发服务器时，基于打包器的方式启动必须优先抓取并构建整个应用，然后才能提供服务。

Vite 通过在一开始将应用中的模块区分为依赖和源代码两类，缩短了开发服务器的启动时间。

（1）依赖：大多为在开发时不会变动的纯 JavaScript。一些较大依赖（例如有上百个模块的组件库）的处理代价也很高。依赖通常会存在多种模块化格式（例如 ESM 或者 CommonJS）。Vite 将会使用 Esbuild 预构建依赖。Esbuild 使用 Go 编写，并且比用 JavaScript 编写的打包器预构建依赖快 10～100 倍。

（2）源代码：通常包含一些并非直接是 JavaScript 的文件，需要转换（例如 JSX、CSS 或者 Vue/Svelte 组件），时常会被编辑。同时，并不是所有的源代码都需要被加载（例如基于路由拆分的代码模块）。Vite 以原生 ESM 方式提供源代码。这实际上是让浏览器接管了打包程序的部分工作，Vite 只需要在浏览器请求源代码时进行转换并按需提供源代码。根据情景动态导入代码，即只在当前屏幕上实际使用时才会被处理。

下面介绍使用 Vite 构建后台管理子系统 ebusiness-admin 的具体步骤。

（1）安装 Vite。

打开命令行窗口，使用 npm i vite -g 安装 Vite（全局安装，这样后面不用再安装 Vite），如图 13.3 所示。

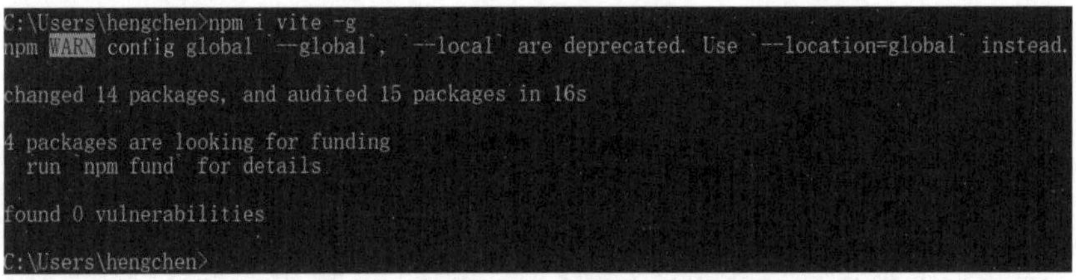

```
C:\Users\hengchen>npm i vite -g
npm WARN config global `--global`, `--local` are deprecated. Use `--location=global` instead.

changed 14 packages, and audited 15 packages in 16s

4 packages are looking for funding
  run `npm fund` for details

found 0 vulnerabilities

C:\Users\hengchen>
```

图 13.3　安装 Vite

（2）初始化 ebusiness-admin。

在命令行窗口中使用 npm init vite ebusiness-admin 命令初始化项目 ebusiness-admin，如图 13.4 所示。

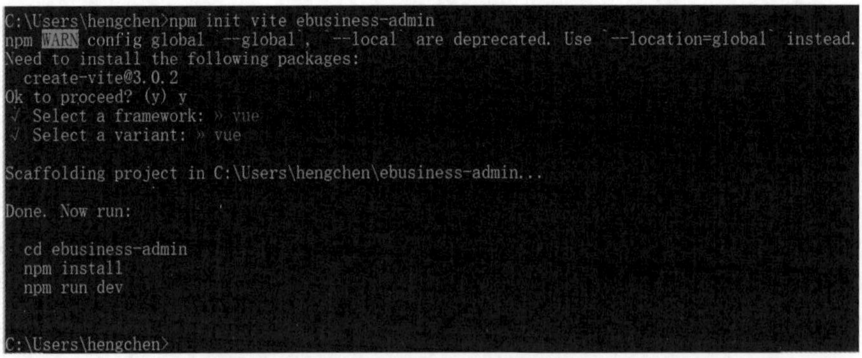

```
C:\Users\hengchen>npm init vite ebusiness-admin
npm WARN config global `--global`, `--local` are deprecated. Use `--location=global` instead.
Need to install the following packages:
  create-vite@3.0.2
Ok to proceed? (y) y
√ Select a framework: » vue
√ Select a variant: » vue

Scaffolding project in C:\Users\hengchen\ebusiness-admin...

Done. Now run:

  cd ebusiness-admin
  npm install
  npm run dev

C:\Users\hengchen>
```

图 13.4　初始化项目 ebusiness-admin

（3）安装项目依赖。

在命令行窗口中首先使用 cd ebusiness-admin 命令进入 ebusiness-admin 目录，然后使用 npm install 命令安装项目依赖，如图 13.5 所示。

图 13.5　安装项目依赖

（4）启动服务器，运行项目。

在命令行窗口中首先使用 npm run dev 命令启动服务器，如图 13.6 所示；然后在浏览器的地址栏中访问 http://127.0.0.1:5173 运行项目，如图 13.7 所示。

图 13.6　启动服务器

图 13.7　运行项目

至此，使用 Vite 成功构建了一个最基本的 Vue.js 项目 ebusiness-admin。

13.2.2　使用 Vue CLI 构建电子商务子系统

参考 10.2 节，使用 Vue CLI 构建基于 Vue Router 的 Vue.js 项目 ebusiness-before（电子商务子系统）。

13.3　系统管理

本节将对 13.2 节构建的两个 Vue.js 项目进行依赖管理和配置。

❶ 安装 Element Plus

本章主要使用 Element Plus 辅助完成界面设计。所以首先使用 VSCode 分别打开 13.2 节构建的两个 Vue.js 项目 ebusiness-admin 和 ebusiness-before，然后在 Terminal 终端使用 npm install element-plus --save 命令安装 Element Plus，并使用 npm install @element-plus/ icons-vue 命令安装 Element Plus 的 Icon（图标）。

❷ 安装 ECharts

ECharts 是一款基于 JavaScript 的数据可视化图表库，提供直观、生动、可交互、可个性化定制的数据可视化图表。ECharts 最初由百度团队开源，并于 2018 年初捐赠给 Apache 基金会，成为 ASF 孵化级项目。

在后台管理子系统 ebusiness-admin 中，使用 ECharts 对销量及订单进行统计和可视化展示。所以，首先使用 VSCode 打开 Vue.js 项目 ebusiness-admin，然后在 Terminal 终端使用 npm install echarts --save 命令安装 ECharts。

❸ 安装 Vue Router

由于在 13.2.2 节使用 Vue CLI 构建了基于 Vue Router 的 Vue.js 项目 ebusiness-before，所以在 ebusiness-before 中不再需要安装 Vue Router。

在这里仅需要使用 VSCode 打开使用 Vite 构建的 Vue.js 项目 ebusiness-admin，然后在 Terminal 终端使用 npm install vue-router 命令安装 Vue Router。

❹ 配置文件

下面将对 13.2 节构建的两个 Vue.js 项目 ebusiness-admin 和 ebusiness-before 进行配置，并且对两个 Vue.js 项目的 Element Plus 和 Vue Router 进行相关配置。

1）配置路由

在项目 ebusiness-admin 的 src 目录下创建 router/index.js 文件，并在该文件中配置路由，具体代码如下：

```
import { createRouter, createWebHistory } from 'vue-router'
import HomeView from '../views/admin/HomeView.vue'
import TypeManage from '../views/admin/TypeManageView.vue'
import GoodsManage from '../views/admin/GoodsManageView.vue'
import OrderManage from '../views/admin/OrderManageView.vue'
import LoginView from '../views/admin/LoginView.vue'
import SalesStatistics from '../views/admin/SalesStatisticsView.vue'
import OrderStatistics from '../views/admin/OrderStatisticsView.vue'
const routes = [
    {
        path: '/',
        component: LoginView
    },
    {
        path: '/home',
        name: 'home',
        component: HomeView,
        redirect: '/home/typemanage',
        meta:{auth:true},          //需要验证登录权限
        children: [
            {
```

```
                path: '/home/typemanage',
                component: TypeManage
            },
            {
                path: '/home/goodsmanage',
                component: GoodsManage
            },
            {
                path: '/home/ordermanage',
                component: OrderManage
            },
            {
                path: '/home/salesstatistics',
                component: SalesStatistics
            },
            {
                path: '/home/orderstatistics',
                component: OrderStatistics
            }
        ]
    },
]
const router = createRouter({
//推荐使用 HTML 5 模式
history: createWebHistory(process.env.BASE_URL),
routes
})
export default router
```

在项目 ebusiness-before 的 src/router/index.js 文件中配置路由，具体代码如下：

```
import { createRouter, createWebHistory } from 'vue-router'
import IndexView from '../views/IndexView.vue'
import GoodsDetailView from '../views/GoodsDetailView.vue'
import RegisterView from '../views/RegisterView.vue'
import LoginView from '../views/LoginView.vue'
import MyselfInfoView from '../views/MyselfInfoView.vue'
import MyOrderView from '../views/MyOrderView.vue'
import MyFocusView from '../views/MyFocusView.vue'
import MyCartView from '../views/MyCartView.vue'
const routes = [
  {
    path: '/',
    name: 'index',
    component: IndexView
  },
  {
    path: '/goodsDetail',
    name: 'goodsDetail',
    component: GoodsDetailView
  },
  {
```

```
    path: '/register',
    name: 'register',
    component: RegisterView
  },
  {
    path: '/login',
    name: 'login',
    component: LoginView
  },
  {
    path: '/myselfinfo',
    name: 'myselfinfo',
    component: MyselfInfoView,
    meta: {auth:true}            //需要验证登录权限
  },
  {
    path: '/myorder',
    name: 'myorder',
    component: MyOrderView,
    meta: {auth:true}            //需要验证登录权限
  },
  {
    path: '/myfocus',
    name: 'myfocus',
    component: MyFocusView,
    meta: {auth:true}            //需要验证登录权限
  },
  {
    path: '/mycart',
    name: 'mycart',
    component: MyCartView,
    meta: {auth:true}            //需要验证登录权限
  }
]
const router = createRouter({
  //推荐使用HTML 5模式
history: createWebHistory(process.env.BASE_URL),
  routes
})
export default router
```

2）配置入口文件main.js

在两个Vue.js项目ebusiness-admin和ebusiness-before中，入口文件main.js的配置是一样的，都是引入Element Plus、Vue Router和注册图标等相关配置。main.js的具体配置代码如下：

```
import { createApp } from 'vue'
import App from './App.vue'
import router from './router'
import ElementPlus from 'element-plus'
import 'element-plus/dist/index.css'
import "./index.css"
```

```
import "./styles/mystyle.css"
//引入图标
import * as ElementPlusIconsVue from '@element-plus/icons-vue'
const app = createApp(App)
//注册所有图标
for (const [key, component] of Object.entries(ElementPlusIconsVue)) {
    app.component(key, component)
}
app.use(ElementPlus).use(router).mount('#app')
//eslint-disable-next-line no-unused-vars
router.beforeEach((to,from)=>{
    //提示未使用, ESlint 规则 no-unused vars 关闭为 eslint-disable-next-line
    //如果路由器需要验证
    if(to.meta.auth){
      //对路由进行验证
      if (window.sessionStorage.getItem('uname') == null) {
        alert("您没有登录，无权访问！")
        /*未登录则跳转到登录界面,
        query:{ redirect: to.fullPath}表示把当前路由信息传递过去方便登录后跳转回来*/
        return {
          path: '/',
          query: {redirect: to.fullPath}
        }
      }
    }
  }
})
```

3）项目配置

在项目 ebusiness-admin 的配置文件 vite.config.js 中配置路径别名、端口号等，配置代
码如下：

```
import { defineConfig } from 'vite'
import vue from '@vitejs/plugin-vue'
import path from 'path'
// https://vitejs.dev/config/
export default defineConfig({
  plugins: [vue()],
  resolve: {
    alias: {
        "@": path.resolve(__dirname, "./src"),
        "comps": path.resolve(__dirname, "./src/components"),
        "views": path.resolve(__dirname, "./src/views"),
        "routes": path.resolve(__dirname, "./src/routes"),
        "styles": path.resolve(__dirname, "./src/styles"),
    },
  },
define: {
    //不加这个定义，router/index.js 将提示 process.env.BASE_URL 未定义
    'process.env': {}
},
base: "./",
/**
```

```
 *  与"根"相关的目录，构建输出将放在其中。如果目录存在，它将在构建之前被删除。
 *  @default 'dist'
 */
outDir: "dist",
server: {
    port: 8000
},
})
```

在项目 ebusiness-before 的配置文件 vue.config.js 中配置路径别名、端口号等，配置代码如下：

```
const { defineConfig } = require("@vue/cli-service");
const path = require("path");
function resolve(dir){
    return path.join(__dirname,dir)
}
module.exports = defineConfig({
  configureWebpack:{
    //配置路径别名
    resolve: {
      alias: {
        "@": resolve( "./src"),
        "comps": resolve("./src/components"),
        "views": resolve("./src/views"),
        "routes": resolve("./src/routes"),
      },
    }
  },
  devServer: {
    port: 8000,
  },
  //在浏览器的地址栏中加项目名
  publicPath: '/ebusiness-before/',
  transpileDependencies: true,
})
```

13.4　　后台管理子系统的实现

管理员登录成功后可以对商品、商品类型以及订单进行管理，还可以对商品销量、订单进行统计，并进行可视化显示。本节将详细介绍管理员功能界面设计。

13.4.1　管理员登录界面

管理员登录界面 LoginView.vue 主要通过 Element Plus 表单组件 el-form 中的输入框组件 el-input 和按钮组件 el-button 进行设计。当单击"登录"按钮时，执行 login(loginForm) 完成表单验证。管理员登录成功后，将用户名保存到 sessionStorage 中，以便后续进行权限验证时使用。管理员登录界面的效果如图 13.8 所示。管理员登录成功后进入后台管理子系统的首页，如图 13.9 所示。

图 13.8　管理员登录界面

图 13.9　管理员登录成功后进入主界面

管理员登录界面 LoginView.vue 的代码具体如下：

```
<template>
  <el-dialog title="管理员登录" v-model="dialogVisible" width="30%">
    <div class="box">
      <el-form ref="loginForm" :model="loginForm" :rules="rules" style=
      "width:100%;"
       label-width="20%">
        <el-form-item label="用户名" prop="uname">
          <el-input v-model="loginForm.uname" placeholder="请输入用户名">
          </el-input>
        </el-form-item>
        <el-form-item label="密码" prop="upwd">
          <el-input show-password v-model="loginForm.upwd" placeholder=
            "请输入密码"></el-input>
        </el-form-item>
        <el-form-item>
          <el-button type="primary" @click="login(loginForm)"
            :loading="loadingbut">{{ loadingbuttext }}</el-button>
          <el-button type="danger" @click="cancel">重置</el-button>
        </el-form-item>
      </el-form>
    </div>
  </el-dialog>
```

```
    </template>
    <script>
    export default {
      name: 'LoginView',
      data() {
        return {
          loginForm: {},
          //验证规则
          rules: {
            uname: [{ required: true, message: '请输入用户名', trigger: 'blur' }],
            upwd: [{ required: true, message: '请输入密码', trigger: 'blur' }]
          },
          loadingbut: false,
          loadingbuttext: '登录',
          dialogVisible: true
        }
      },
      methods: {
        login(loginForm) {
          this.$refs['loginForm'].validate((valid) => {
            if (valid) {
              if (loginForm.uname === 'admin' && loginForm.upwd === 'admin') {
                //Message Box
                this.$alert('登录成功', { confirmButtonText: '确定' })
                sessionStorage.setItem("uname", loginForm.uname);
                //path 为跳转到前一个页面
                let path = this.$route.query.redirect
                this.$router.replace({ path: path === '/' || path === undefined ? '/home' : path })
              } else {
                this.$alert('用户名或密码错误！', { confirmButtonText: '确定' })
                this.loadingbut = false;
                this.loadingbuttext = '登录';
              }
            }
            else {
              this.$alert('表单验证失败', { confirmButtonText: '确定' })
              return false;
            }
          })
        },
        cancel() {
          this.$refs['loginForm'].resetFields()
        }
      }
    }
    </script>
    <style scoped>
    .box {
      width: 100%;
      height: 150px;
    }
    </style>
```

13.4.2 导航栏界面

在主界面的左侧（图 13.9）有导航菜单组件 SidebarCom.vue，顶部有头部组件 HeaderCom.vue。在主界面组件 HomeView.vue 中引入导航菜单组件 SidebarCom.vue 和头部组件 HeaderCom.vue。

导航菜单组件 SidebarCom.vue 的代码具体如下：

```
<template>
 <div class="sidebar">
    <el-menu class="sidebar-el-menu" background-color="#324157" text-color=
    "#bfcbd9"
    active-text-color="#20a0ff"
            unique-opened router>
        <template v-for="item in state.items">
            <template v-if="item.subs">
                <el-sub-menu :index="item.index" :key="item.index">
                    <template #title>
                        <el-icon>
                            <Menu />
                        </el-icon>
                        {{ item.title }}
                    </template>
                    <template v-for="subItem in item.subs">
                        <el-sub-menu v-if="subItem.subs" :index=
                        "subItem.index" :key="subItem.index">
                            <template #title>
                                <ElIcon>
                                    <edit />
                                </ElIcon>
                                {{ subItem.title }}
                            </template>
                            <el-menu-item v-for="(threeItem, i) in
                                subItem.subs" :key="i" :index=
                                "threeItem.index">
                                <ElIcon>
                                    <edit />
                                </ElIcon>
                                {{ threeItem.title }}
                            </el-menu-item>
                        </el-sub-menu>
                        <el-menu-item v-else :index="subItem.index" :key=
                        "subItem.index + 1">
                            <ElIcon>
                                <edit />
                            </ElIcon>
                            {{ subItem.title }}
                        </el-menu-item>
                    </template>
                </el-sub-menu>
```

```
            </template>
            <template v-else>
                <el-menu-item :index="item.index" :key="item.index">
                    <template #title>
                        <el-icon>
                            <Menu />
                        </el-icon>
                        {{ item.title }}
                    </template>
                </el-menu-item>
            </template>
        </template>
    </el-menu>
</div>
</template>
<script setup>
import { reactive } from "vue";
const state = reactive({
items: [
    {
        index: "1",
        title: "管理模块",
        subs: [
            {
                index: "typemanage",
                title: "类型管理"
            },
            {
                index: "goodsmanage",
                title: "商品管理"
            },
            {
                index: "ordermanage",
                title: "订单管理"
            }
        ],
    },
    {
        index: "2",
        title: "统计模块",
        subs: [
            {
                index: "salesstatistics",
                title: "销量统计"
            },
            {
                index: "orderstatistics",
                title: "订单统计"
            }
        ],
    }
]
```

```
});
</script>
<style scoped>
 .sidebar {
 display: block;
 position: absolute;
 left: 0;
 top: 70px;
 bottom: 0;
 overflow-y: scroll;
 background: pink;
}
.sidebar::-webkit-scrollbar {
width: 0;
}
 .sidebar-el-menu:not(.el-menu--collapse) {
width: 250px;
}
 .sidebar>ul {
height: 100%;
 text-align: left;
}
</style>
```

头部组件 HeaderCom.vue 的代码具体如下：

```
<template>
 <div class="header">
        <div class="logo">电子商务后台管理系统</div>
        <div class="mytime">今天是 {{fullyear}} 年 {{month}} 月 {{datet}} 日
        星期{{weekstr}}</div>
        <div class="header-right">
           <div class="header-user-con">
               <!--用户头像-->
               <div class="user-avator">
                   <img src="../assets/mylogo.png" />
               </div>
               <!--用户名下拉菜单-->
               <el-dropdown class="user-name" trigger="click" @command=
               "handleCommand">
                   <span class="el-dropdown-link">
                       {{ userName }}
                       <i class="el-icon-caret-bottom"></i>
                   </span>
                   <template #dropdown>
                       <el-dropdown-menu>
                   <el-dropdown-item divided command="loginout">退出登录
                   </el-dropdown-item>
                       </el-dropdown-menu>
                   </template>
               </el-dropdown>
           </div>
```

```
            </div>
        </div>
        </template>
        <script setup>
        import { useRouter } from "vue-router"
        const Router = useRouter()
        const userName = sessionStorage.getItem("uname")
        const handleCommand = (e) => {
        if (e == "loginout") {
            sessionStorage.removeItem("uname")
            Router.push("/login");
        }
}
const myDate = new Date()
const fullyear = myDate.getFullYear()
const month = myDate.getMonth() + 1
const datet = myDate.getDate()
const Week = ['日','一','二','三','四','五','六']
const weekstr = Week[myDate.getDay()]
</script>
<style scoped>
.header {
    position: relative;
    box-sizing: border-box;
    width: 100%;
    height: 70px;
    font-size: 22px;
    background: #242f42;
    color: #fff;
}
.collapse-btn {
    float: left;
    padding: 0 21px;
    cursor: pointer;
    line-height: 70px;
}
.header .logo {
    float: left;
    width: 250px;
    line-height: 70px;
}
.header .mytime {
    float: left;
    width: 500px;
    line-height: 70px;
}
.header-right {
    float: right;
    padding-right: 50px;
}
.header-user-con {
```

```css
    display: flex;
    height: 70px;
    align-items: center;
}
.btn-fullscreen {
    transform: rotate(45deg);
    margin-right: 5px;
    font-size: 24px;
}
.btn-bell,
.btn-fullscreen {
    position: relative;
    width: 30px;
    height: 30px;
    text-align: center;
    border-radius: 15px;
    cursor: pointer;
}
.btn-bell-badge {
    position: absolute;
    right: 0;
    top: -2px;
    width: 8px;
    height: 8px;
    border-radius: 4px;
    background: #f56c6c;
    color: #fff;
}
.btn-bell .el-icon-bell {
    color: #fff;
}
.user-name {
    margin-left: 10px;
}
.user-avator {
    margin-left: 20px;
    transition: 0.5s;
}
.user-avator:hover {
    transform: rotate(360deg);
}
.user-avator img {
    display: block;
    width: 40px;
    height: 40px;
    border-radius: 50%;
}
.el-dropdown-link {
    color: #fff;
    cursor: pointer;
    margin-left: 5px;
```

```
}
.el-dropdown-menu__item {
    text-align: center;
}
</style>
```

主界面组件 HomeView.vue 的代码具体如下：

```
<template>
<div>
    <Header />
    <Sidebar />
    <div class="content-box">
        <div class="content">
            <router-view></router-view>
        </div>
    </div>
</div>
</template>
<script setup>
import Header from "comps/HeaderCom.vue";
import Sidebar from "comps/SidebarCom.vue";
</script>
<style scoped>
.content-box {
    position: absolute;
    left: 250px;
    right: 0;
    top: 70px;
    bottom: 0;
    padding-bottom: 30px;
    -webkit-transition: left 0.3s ease-in-out;
    transition: left 0.3s ease-in-out;
    background: #f0f0f0;
}
.content-collapse {
    left: 65px;
}
.content {
    width: auto;
    height: 99%;
    padding: 10px;
    box-sizing: border-box;
    background: #efefef;
    overflow-y: auto;
}
</style>
```

13.4.3　类型管理界面

管理员登录成功后可以对商品类型进行管理，包括新增类型、编辑类型、删除类型、查询类型等，如图 13.10 所示。

图 13.10　类型管理界面

单击图 13.10 中的"增加"按钮，将打开"新增类型"对话框，可以新增商品类型，如图 13.11 所示。

单击图 13.10 中的"编辑"按钮，将打开"类型修改"对话框，可以修改商品类型，如图 13.12 所示。

图 13.11　新增类型界面　　　　　　　　　　图 13.12　类型修改界面

单击图 13.10 中的"删除"按钮，可以删除商品类型。

商品类型管理界面 TypeManageView.vue 的代码具体如下：

```
<template>
 <el-tabs type="border-card">
  <el-tab-pane label="类型管理">
   <div class="fl" style="margin-top: -10px;margin-bottom: 10px;">
    <el-button size="medium" type="success" @click="openadd()">增加
    </el-button>
   </div>
   <el-table :data="result" border>
    <el-table-column type="index" label="序号" width="150"></el-table-column>
    <el-table-column prop="typeid" label="类型 ID" width="150">
    </el-table-column>
    <el-table-column prop="typename" label="类型名称" width="150">
    </el-table-column>
    <el-table-column label="操作">
     <template #default="scope">
      <el-row>
       <el-button size="small" type="primary" @click="handleEdit(scope.row)">
      编辑
```

```
        </el-button>
        <el-popconfirm confirm-button-text="是" cancel-button-text="否" :icon=
          "InfoFilled" icon-color="#626aef" title="真的删除吗？" @confirm=
          "confirmEvent(scope.row, scope.$index)" @cancel="cancelEvent">
          <template #reference>
            <el-button size="small" type="danger">删除
            </el-button>
          </template>
        </el-popconfirm>
      </el-row>
    </template>
  </el-table-column>
</el-table>
<div>
  <el-pagination background layout="total, prev, pager, next" v-model:
    currentPage="currentPage"
    :page-size="pageSize" :total="total" />
</div>
  </el-tab-pane>
</el-tabs>
<el-dialog v-model="addFormVisible" title="新增类型">
  <el-form :model="addForm" ref="addFormRef" :rules="rules">
    <el-input v-model="addForm.typeid" type="hidden" />
    <el-form-item label="类型名称" prop="typename">
      <el-input v-model="addForm.typename" placeholder="请输入类型名称" />
    </el-form-item>
  </el-form>
  <template #footer>
    <span class="dialog-footer">
      <el-button @click="addCancel()">取消</el-button>
      <el-button type="primary" @click="add(addFormRef)">新增</el-button>
    </span>
  </template>
</el-dialog>
<el-dialog title="类型修改" v-model="updateFormVisible">
  <el-form ref="detailDataRef" :model="detailData" :rules="rules">
    <el-form-item label="类型ID" prop="typeid">
      <el-input v-model="detailData.typeid" disabled></el-input>
    </el-form-item>
    <el-form-item label="类型名称" prop="typename">
      <el-input v-model="detailData.typename"></el-input>
    </el-form-item>
  </el-form>
  <template #footer>
    <span class="dialog-footer">
      <el-button @click="updateFormVisible = false">取消</el-button>
      <el-button type="primary" @click="update(detailDataRef)">修改
      </el-button>
    </span>
  </template>
```

```
    </el-dialog>
</template>
<script setup>
//1.在script标签上添加setup属性即变为糖衣语法，相当于整个script就是组件的setup函数
//2.在语法糖中，省略了导出export default()，省略了setup函数，省略了return()
//3.定义的数据无须return即可在模板和样式中调用
//4.在语法糖中，子组件导入即可使用，无须在components中注册
import { reactive, ref } from 'vue'
import { ElMessage } from 'element-plus'
//reactive创建一个具有响应式的对象数据，在使用reactive时，可以用toRefs解构导出，
//在template中可以直接使用
let result = reactive([
  {
    typeid: 1000,
    typename: '家电'
  },
  {
    typeid: 1001,
    typename: '水果'
  },
  {
    typeid: 1002,
    typename: '文具'
  }
])
//ref创建一个具有响应式的基本数据类型的数据
let addFormVisible = ref(false)
let updateFormVisible = ref(false)
let addFormRef = reactive({})
let addForm = reactive({})
//验证规则
const rules = reactive({
  typename: [
    { required: true, message: '请输入类型名称', trigger: 'blur' },
    { min: 2, max: 5, message: '类型名称长度为3到5', trigger: 'blur' }
  ]
})
let detailDataRef = reactive({})
let detailData = reactive({})
let total = ref(3)
let pageSize = ref(2)
let currentPage = ref(1)
//打开新增窗口
const openadd = () => {
  //使用ref在setup读取的时候需要获取xxx.value，但在template中不需要
  addFormVisible.value = true
  addForm.typeid = "
  addForm.typename = "
}
//新增
const add = async(formEl) => {
```

```
    if (!formEl) return
    await formEl.validate((valid) => {
      if (valid) {
        addForm.typeid = result[result.length - 1].typeid + 1
        result.push({          //这里不能直接把addForm对象添加到result数组
          typeid: addForm.typeid,
          typename: addForm.typename
        })
        total.value = result.length
        addFormVisible.value = false
        ElMessage({message: '新增成功',type: 'success'})
      } else {
        ElMessage.error('表单验证失败')
      }
    })
}
//新增对话框取消
const addCancel = () => {
    addFormVisible.value = false
    addForm.resetFields()
}
//修改按钮
const update = async(formEl) => {
  if (!formEl) return
  await formEl.validate((valid) => {
    if (valid) {
        //修改数组元素
      result.map(t => {
        if(t.typeid === detailData.typeid){
          t.typename = detailData.typename
          //不能t = detailData，可以写成Object.assign(t, detailData)
        }
        return t
      })
      ElMessage({message: '修改成功',type: 'success'})
      updateFormVisible.value = false
    } else {
      ElMessage.error('表单验证失败')
    }
  })
}
//编辑按钮
const handleEdit = (row) => {
  detailData.typeid = row.typeid
  detailData.typename = row.typename
  updateFormVisible.value = true
}
//删除
const confirmEvent = (row, index) => {
  //删除一个元素
  result.splice(index, 1)
  total.value = result.length
```

```
    ElMessage({message: '删除成功',type: 'success'})
}
const cancelEvent = () => {
}
</script>
```

13.4.4　商品管理界面

管理员登录成功后可以对商品进行管理,包括新增商品、编辑商品、删除商品、查询商品等,如图 13.13 所示。

图 13.13　商品管理界面

单击图 13.13 中的"新增"按钮,将打开"增加商品"对话框,可以新增商品,如图13.14 所示。

图 13.14　增加商品界面

单击图 13.13 中的"详情"按钮,将打开"商品详情"对话框,如图 13.15 所示。

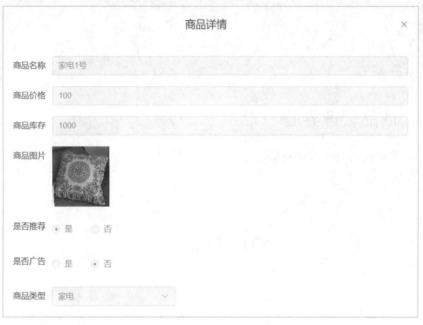

图 13.15　商品详情界面

　　单击图 13.13 中的"编辑"按钮，将打开"商品修改"对话框，可以修改商品信息，如图 13.16 所示。

图 13.16　商品修改界面

　　单击图 13.13 中的"删除"按钮，可以删除商品信息。单击图 13.13 中的"查询"按钮，可以根据商品类型查询商品，如图 13.17 所示。

图 13.17　商品查询界面

商品管理界面 GoodsManageView.vue 的代码具体如下：

```
<template>
  <el-tabs type="border-card">
    <el-tab-pane label="商品管理">
      <el-form :inline="true" :model="searchParam" class="fl">
            <el-form-item label="商品类型">
                <el-select v-model="searchParam.typeid" placeholder="商品类型">
                    <el-option label="---" value="0"></el-option>
                    <el-option v-for="item in typeoptions" :key="item.typeid"
                     :label="item.typename" :value="item.typeid" />
                </el-select>
            </el-form-item>
            <el-form-item>
                <el-button type="primary" @click="onSubmit()">查询</el-button>
            </el-form-item>
        <el-form-item>
          <el-button size="medium" type="success" @click="addFormVisible=true">
            新增</el-button>
            </el-form-item>
        </el-form>
    <el-table :data="result" border>
    <el-table-column type="index" label="序号" width="100">
    </el-table-column>
    <el-table-column prop="gid" label="商品ID" width="150"></el-table-column>
    <el-table-column prop="gname" label="商品名称" width="200">
    </el-table-column>
    <el-table-column prop="typename" label="商品类型" width="150">
    </el-table-column>
    <el-table-column label="操作">
      <template #default="scope">
        <el-row>
          <el-button size="small" type="success" @click="handleDetail
          (scope.row)">详情
          </el-button>
          <el-button size="small" type="primary" @click="handleEdit(scope.row)">
           编辑
          </el-button>
          <el-popconfirm confirm-button-text="是" cancel-button-text="否" :icon=
             "InfoFilled" icon-color="#626aef" title="真的删除吗？" @confirm=
             "confirmEvent(scope.row, scope.$index)" @cancel="cancelEvent">
           <template #reference>
```

```
                  <el-button size="small" type="danger">删除
                  </el-button>
                </template>
              </el-popconfirm>
            </el-row>
          </template>
        </el-table-column>
      </el-table>
      <div>
        <el-pagination background layout="total, prev, pager, next" v-
          model:currentPage="currentPage"
          :page-size="pageSize" :total="total" />
      </div>
    </el-tab-pane>
  </el-tabs>
  <el-dialog v-model="addFormVisible" title="增加商品">
    <el-form :model="addForm" class="fl" ref="addForm" :rules="rules">
      <el-form-item label="商品名称" prop="gname">
        <el-input v-model="addForm.gname" placeholder="请输入商品名称" />
      </el-form-item>
      <el-form-item label="商品价格" prop="gprice">
        <el-input v-model="addForm.gprice" placeholder="请输入商品价格" />
      </el-form-item>
      <el-form-item label="商品库存" prop="gstore">
        <el-input v-model="addForm.gstore" placeholder="请输入商品库存" />
      </el-form-item>
      <el-form-item label="商品图片">
        <el-upload
          accept=".jpg,.png"
          :limit="1"
          :on-exceed="handleExceed"
          :auto-upload="false"
          :file-list="fileList">
          <template #trigger>
            <el-button type="primary">选择文件</el-button>
          </template>
          <br/>
          <el-button type="success" @click="submitUpload">单击上传</el-button>
          <template #tip>
            <div style="color: red">只能上传.jpg、.png 文件</div>
          </template>
        </el-upload>
      </el-form-item>
      <el-form-item label="是否推荐">
        <el-radio-group v-model="addForm.isrec">
          <el-radio label="1" size="large">是</el-radio>
          <el-radio label="2" size="large">否</el-radio>
        </el-radio-group>
      </el-form-item>
      <el-form-item label="是否广告">
        <el-radio-group v-model="addForm.isadv">
          <el-radio label="1" size="large">是</el-radio>
```

```
          <el-radio label="2" size="large">否</el-radio>
        </el-radio-group>
      </el-form-item>
      <el-form-item label="商品类型" prop="typeid">
        <el-select v-model="addForm.typeid" clearable placeholder=
          "Select">
          <el-option v-for="item in typeoptions" :key="item.typeid"
          :label="item.typename" :value="item.typeid" />
        </el-select>
      </el-form-item>
    </el-form>
    <el-button @click="addFormVisible = false">取消</el-button>
    <el-button type="primary" @click="add()">新增</el-button>
  </el-dialog>
  <el-dialog title="商品修改" v-model="updateFormVisible">
    <el-form :model="detailData" class="fl" ref="detailData" :rules="rules" >
      <el-form-item label="商品ID">
        <el-input v-model="detailData.gid" disabled/>
      </el-form-item>
      <el-form-item label="商品名称" prop="gname">
        <el-input v-model="detailData.gname"/>
      </el-form-item>
      <el-form-item label="商品价格" prop="gprice">
        <el-input v-model="detailData.gprice"/>
      </el-form-item>
      <el-form-item label="商品库存" prop="gstore">
        <el-input v-model="detailData.gstore"/>
      </el-form-item>
      <el-form-item label="商品图片">
        <el-image :src="imgurl" style="width: 100px; height: 100px"/>
        <el-upload
          accept=".jpg,.png"
          :limit="1"
          :on-exceed="handleExceed"
          :auto-upload="false"
          :file-list="fileList"
        >
          <template #trigger>
            <el-button type="primary">选择文件</el-button>
          </template>
          <br/>
          <el-buttontype="success" @click="submitUpload">单击上传</el-button>
          <template #tip>
            <div style="color: red">只能上传.jpg、.png文件</div>
          </template>
        </el-upload>
      </el-form-item>
      <el-form-item label="是否推荐">
        <el-radio-group v-model="detailData.isrec">
          <el-radio label="1" size="large">是</el-radio>
          <el-radio label="2" size="large">否</el-radio>
        </el-radio-group>
      </el-form-item>
```

```
        <el-form-item label="是否广告">
          <el-radio-group v-model="detailData.isadv">
            <el-radio label="1" size="large">是</el-radio>
            <el-radio label="2" size="large">否</el-radio>
          </el-radio-group>
        </el-form-item>
        <el-form-item label="商品类型" prop="typeid">
          <el-select v-model="detailData.typeid">
            <el-option v-for="item in typeoptions"
            :key="item.typeid" :label="item.typename" :value="item.typeid" />
          </el-select>
        </el-form-item>
          <el-button @click="updateFormVisible = false">取消</el-button>
          <el-button type="primary" @click="update()">修改</el-button>
      </el-form>
    </el-dialog>
    <el-dialog title="商品详情" v-model="detailFormVisible">
      <el-form :model="detailData" class="fl" ref="detailData" disabled >
        <el-form-item label="商品名称">
          <el-input v-model="detailData.gname"/>
        </el-form-item>
        <el-form-item label="商品价格">
          <el-input v-model="detailData.gprice"/>
        </el-form-item>
        <el-form-item label="商品库存">
          <el-input v-model="detailData.gstore"/>
        </el-form-item>
        <el-form-item label="商品图片">
          <el-image :src="imgurl" style="width: 100px; height: 100px"/>
        </el-form-item>
        <el-form-item label="是否推荐">
          <el-radio-group v-model="detailData.isrec">
            <el-radio label="1" size="large">是</el-radio>
            <el-radio label="2" size="large">否</el-radio>
          </el-radio-group>
        </el-form-item>
        <el-form-item label="是否广告">
          <el-radio-group v-model="detailData.isadv">
            <el-radio label="1" size="large">是</el-radio>
            <el-radio label="2" size="large">否</el-radio>
          </el-radio-group>
        </el-form-item>
        <el-form-item label="商品类型">
          <el-select v-model="detailData.typeid">
            <el-option v-for="item in typeoptions"
            :key="item.typeid" :label="item.typename" :value="item.typeid" />
          </el-select>
        </el-form-item>
      </el-form>
    </el-dialog>
</template>
<script>
import { ElMessage } from 'element-plus'
```

```javascript
export default {
  data() {
    return {
      result: [
        {
          gid: 1000,
          gname: '家电1号',
          gprice: 100.0,
          gstore: 1000,
          gpicture: '../../assets/99.jpg',
          isrec: '1',
          isadv: '2',
          typeid: 1000,
          typename: '家电'
        },
        {
          gid: 1001,
          gname: '水果1号',
          gprice: 200.0,
          gstore: 2000,
          gpicture: '../../assets/101.jpg',
          isrec: '2',
          isadv: '1',
          typeid: 1001,
          typename: '水果'
        },
        {
          gid: 1002,
          gname: '文具1号',
          gprice: 300.0,
          gstore: 3000,
          gpicture: '../../assets/108.jpg',
          isrec: '2',
          isadv: '2',
          typeid: 1002,
          typename: '文具'
        }
      ],
      //备份原始数据
      resultcopy: [],
      addFormVisible: false,
      updateFormVisible: false,
      detailFormVisible: false,
      searchParam: {},
      fileList: [],
      //打开新增对话框时界面的默认值
      addForm: {
        typeid: '',
        gpicture: '',
        typename: '',
        isrec: '2',
        isadv: '2'
      },
```

```
        //验证规则
        rules: {
          gname: [{ required: true, message: '请输入商品名称', trigger: 'blur' }],
          gprice: [{ required: true, message: '请输入商品价格', trigger: 'blur' }],
          gstore: [{ required: true, message: '请输入商品库存', trigger: 'blur' }],
          typeid: [{ required: true, message: '请选择商品类型', trigger: 'change' }]
        },
        detailData: {},
        //在 vite 中不能使用 require 引入图片资源
        imgurl: new URL('../../assets/99.jpg', import.meta.url).href,
        total: 3,
        pageSize: 2,
        currentPage: 1,
        typeoptions: [
          {
            typeid: 1000,
            typename: '家电'
          },
          {
            typeid: 1001,
            typename: '水果'
          },
          {
            typeid: 1002,
            typename: '文具'
          }
        ],
      }
    },
    methods: {
      handleExceed() {
        ElMessage.warning(
          "您已经选择了一个文件，如需切换请删除第一个文件后再添加!!! "
        );
      },
      submitUpload() {
        if (this.fileList.length == 0)
          ElMessage.error("请先添加文件!! ")
        else {
          //fileData 提交给服务器的文件对象
          //let fileData = new FormData()
          //"file"为 form 中的参数名
          //fileData.append("file",this.fileList[0].raw)
          //alert(this.fileList[0].raw.name)
          //模拟时图片为固定值
          this.addForm.gpicture = '../../assets/108.jpg'
        }
      },
      onSubmit(){        //查询
        let resultsearch = []
        for(let i = 0; i < this.resultcopy.length; i++){
          //没有选择类型
          if(this.searchParam.typeid === '0'){
```

```
        resultsearch = this.resultcopy
         break
     }
     if(this.resultcopy[i].typeid === this.searchParam.typeid){
        resultsearch.push(this.resultcopy[i])
     }
   }
   this.result = resultsearch
   this.total = this.result.length
},
add() {            //新增
  this.$refs['addForm'].validate((valid) => {
    if (valid) {
       this.addForm.gid = this.result[this.result.length - 1].gid + 1
       //商品类型
       for(let i = 0; i < this.typeoptions.length; i++){
         if(this.typeoptions[i].typeid === this.addForm.typeid){
           this.addForm.typename = this.typeoptions[i].typename
           break
         }
       }
       this.result.push(this.addForm)
       this.total = this.result.length
       ElMessage({ message: '新增成功', type: 'success' })
       this.addFormVisible = false
    }
    else {
      ElMessage.error('表单验证失败')
    }
  })
},
update() {
  this.$refs['detailData'].validate((valid) => {
    if (valid) {
       //商品类型
       for(let i = 0; i < this.typeoptions.length; i++){
         if(this.typeoptions[i].typeid === this.detailData.typeid){
           this.detailData.typename = this.typeoptions[i].typename
           break
         }
       }
       //修改数组元素
       this.result.map(t => {
         return t.gid === this.detailData.gid ? this.detailData : t
       })
       ElMessage({ message: '修改成功', type: 'success' })
    }
    else {
      ElMessage.error('表单验证失败')
      return false
    }
  })
  this.updateFormVisible = false
```

```
    },
    //编辑
    handleEdit(row) {
      this.detailData = row
      const gpic = this.detailData.gpicture
      const start = gpic.lastIndexOf('/')
      //在 vite 中不能使用 require 引入图片资源
      this.imgurl = new URL('../../assets' + gpic.slice(start),
      import.meta.url).href this.updateFormVisible = true
    },
    //详情
    handleDetail(row) {
      this.detailData = row
      const gpic = this.detailData.gpicture
      const start = gpic.lastIndexOf('/')
      //在 vite 中不能使用 require 引入图片资源
      this.imgurl = new URL('../../assets' + gpic.slice(start),
      import.meta.url).href this.detailFormVisible = true
    },
    confirmEvent(row, index) {
      //删除一个元素
      this.result.splice(index, 1)
      this.total = this.result.length
    },
    cancelEvent() {
    }
  },
  mounted() {
      //备份数据，以便今后查询
      this.resultcopy = this.result
  }
}
</script>
```

13.4.5　订单管理界面

管理员登录成功后可以对订单进行管理，包括进行订单查询、查看订单详情和删除订单等，如图 13.18 所示。

图 13.18　订单管理界面

单击图 13.18 中的"详情"按钮,将打开"订单详情"对话框,如图 13.19 所示。单击图 13.18 中的"删除"按钮,可以将未支付订单进行删除。

订单详情

商品编号	商品名称	单价	数量	小计
10003	家电2号	999.0	1	999.0
10004	家具1号	1280.0	1	1280.0
10005	蔬菜1号	12.8	5	64.0

图 13.19　订单详情界面

在图 13.18 中输入订单编号,并单击"查询"按钮,将打开"订单搜索结果"对话框,如图 13.20 所示。

订单搜索结果

	订单编号	订单金额	下单时间 ⇕	订单状态
∨	1002	2343.0	2022-11-11	未支付

商品编号	商品名称	单价	数量	小计
10003	家电2号	999.0	1	999.0
10004	家具1号	1280.0	1	1280.0
10005	蔬菜1号	12.8	5	64.0

图 13.20　订单查询界面

订单管理界面 OrderManageView.vue 的代码具体如下:

```
<template>
  <el-tabs type="border-card">
    <el-tab-pane label="订单管理">
      <el-form :inline="true" :model="searchParam" class="fl">
        <el-form-item label="订单编号">
          <el-input v-model="searchParam.ordersn" placeholder="请输入订单编号" />
        </el-form-item>
        <el-form-item>
            <el-button type="primary" @click="onSubmit()">查询</el-button>
        </el-form-item>
      </el-form>
      <el-table :data="result" :default-sort="{ prop: 'orderDate', order:
```

```
                    'descending' }" border>
      <el-table-column prop="ordersn" label="订单编号" width="150">
      </el-table-column>
      <el-table-column label="订单金额" width="150">
        <template #default="scope">
          <span>{{scope.row.orderAmount.toFixed(1)}}</span>
        </template>
      </el-table-column>
      <el-table-column prop="orderDate" label="下单时间" sortable width="150">
      </el-table-column>
      <el-table-column prop="orderStatus" label="订单状态" width="150">
      </el-table-column>
      <el-table-column label="操作">
        <template #default="scope">
          <el-row>
          <el-button size="small" type="primary" @click="handleDetail
          (scope.row)">详情</el-button>
            <el-popconfirm v-if="scope.row.orderStatus === '未支付'" confirm-
                button-text="是" cancel-button-text="否" :icon="InfoFilled"
                icon-color="#626aef"
            title="真的删除吗？" @confirm="confirmEvent(scope.row, scope.$index)"
              @cancel="cancelEvent">
              <template #reference>
                <el-button size="small" type="danger">删除</el-button>
              </template>
            </el-popconfirm>
          </el-row>
        </template>
      </el-table-column>
    </el-table>
    <div>
      <el-pagination background layout="total, prev, pager, next" v-model:
          currentPage="currentPage" :page-size="pageSize" :total="total" />
    </div>
  </el-tab-pane>
</el-tabs>
<el-dialog title="订单详情" v-model="orderDetailVisible">
  <el-table :data="detailResult" border>
      <el-table-column prop="gno" label="商品编号" width="120">
      </el-table-column>
      <el-table-column prop="gname" label="商品名称" width="120">
      </el-table-column>
      <el-table-column label="单价" width="120">
        <template #default="scope">
          <span>{{scope.row.gprice.toFixed(1)}}</span>
        </template>
      </el-table-column>
      <el-table-column prop="shopNum" label="数量" width="120">
      </el-table-column>
      <el-table-column label="小计" width="120">
        <template #default="scope">
```

```
                <span>{{scope.row.smallTotal.toFixed(1)}}</span>
              </template>
          </el-table-column>
        </el-table>
      </el-dialog>
      <el-dialog title="订单搜索结果" v-model="orderSearchVisible">
        <el-table :data="resultsearch" border>
            <el-table-column type="expand">
              <template #default="props">
                <el-table :data="props.row.orderDetail" border>
                  <el-table-column prop="gno" label="商品编号" width="120">
                    </el-table-column>
                  <el-table-column prop="gname" label="商品名称" width="120">
                    </el-table-column>
                  <el-table-column label="单价" width="120">
                    <template #default="scope">
                      <span>{{scope.row.gprice.toFixed(1)}}</span>
                    </template>
                  </el-table-column>
                  <el-table-column prop="shopNum" label="数量" width="120">
                    </el-table-column>
                  <el-table-column label="小计" width="120">
                    <template #default="scope">
                      <span>{{scope.row.smallTotal.toFixed(1)}}</span>
                    </template>
                  </el-table-column>
                </el-table>
              </template>
            </el-table-column>
            <el-table-column prop="ordersn" label="订单编号" width="150">
              </el-table-column>
            <el-table-column label="订单金额" width="150">
              <template #default="scope">
                <span>{{scope.row.orderAmount.toFixed(1)}}</span>
              </template>
            </el-table-column>
            <el-table-column prop="orderDate" label="下单时间" sortable width="150">
              </el-table-column>
            <el-table-column prop="orderStatus" label="订单状态" width="150">
              </el-table-column>
        </el-table>
      </el-dialog>
</template>
<script setup>
import { reactive, ref } from 'vue'
import { ElMessage } from 'element-plus'
let result = reactive([
  {
    ordersn: 1000,
    orderAmount: 281.6,
    orderDate: '2022-08-10',
    orderStatus: '已支付',
```

```
        orderUserId: 100,
        orderDetail: [
          {
            gno: 10000,
            gname: '苹果1号',
            gprice: 12.8,
            shopNum: 2,
            smallTotal: 25.6
          },
          {
            gno: 10001,
            gname: '服装1号',
            gprice: 128.0,
            shopNum: 2,
            smallTotal: 256.0
          }
        ]
      },
      {
        ordersn: 1001,
        orderAmount: 264.0,
        orderDate: '2022-10-15',
        orderStatus: '未支付',
        orderUserId: 101,
        orderDetail: [
          {
            gno: 10002,
            gname: '文具1号',
            gprice: 88.0,
            shopNum: 3,
            smallTotal: 264.0
          }
        ]
      },
      {
        ordersn: 1002,
        orderAmount: 2343.0,
        orderDate: '2022-11-11',
        orderStatus: '未支付',
        orderUserId: 102,
        orderDetail: [
          {
            gno: 10003,
            gname: '家电2号',
            gprice: 999.0,
            shopNum: 1,
            smallTotal: 999.0
          },
          {
            gno: 10004,
            gname: '家具1号',
```

```
              gprice: 1280.0,
              shopNum: 1,
              smallTotal: 1280.0
            },
            {
              gno: 10005,
              gname: '蔬菜1号',
              gprice: 12.8,
              shopNum: 5,
              smallTotal: 64.0
            }
          ]
        }
])
let orderDetailVisible = ref(false)
let orderSearchVisible = ref(false)
let detailResult = reactive([{}])
let searchParam = reactive({})
  //查询结果
let resultsearch = reactive([{}])
let total = ref(3)
let pageSize = ref(2)
let currentPage = ref(1)
const onSubmit = () => {            //查询
  for(let i = 0; i < result.length; i++){
      if(result[i].ordersn == searchParam.ordersn){
        Object.assign(resultsearch, [result[i]])
        break
      }
  }
  orderSearchVisible.value = true
}
//详情
const handleDetail = (row) => {
  //detailResult = reactive([{}])
  //detailResult = row.orderDetail 不能对 reactive 赋值
  Object.assign(detailResult, row.orderDetail)
  //删除多余的数据
  detailResult.splice(row.orderDetail.length, detailResult.length)
  orderDetailVisible.value = true
}
//删除
const confirmEvent = (row, index) => {
  //删除一个元素
  result.splice(index, 1)
  total.value = result.length
  ElMessage({message: '删除成功',type: 'success'})
}
const cancelEvent = () => {
}
</script>
```

13.4.6　销量统计界面

管理员登录成功后可以对销量按照月份进行统计，如图 13.21 所示。

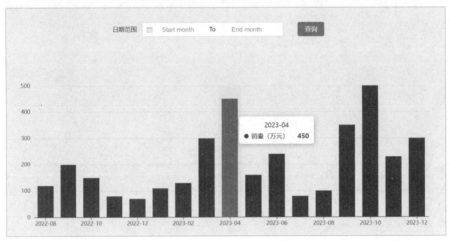

图 13.21　销量统计界面

在图 13.21 中选择日期区间，并单击"查询"按钮，可以查询该区间内的销量，如图 13.22 所示。

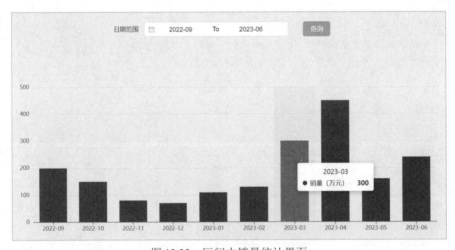

图 13.22　区间内销量统计界面

销量统计界面 SalesStatisticsView.vue 的代码具体如下：

```
<template>
    <div class="demo-date-picker">
        <div class="block">
            <el-form :inline="true" :model="searchParam">
                <el-form-item label="日期范围">
                    <el-date-picker
                        v-model="searchParam.orderdate"
                        value-format="YYYY-MM"
                        type="monthrange"
                        range-separator="To"
```

```
                         start-placeholder="Start month"
                         end-placeholder="End month"/>
            </el-form-item>
            <el-form-item>
                <el-button type="primary" @click="onSubmit()">查询</el-button>
            </el-form-item>
        </el-form>
      </div>
    </div>
  <div id="myChart" :style="{width: '100%', height: '380px'}"></div>
</template>
<script setup>
import { onMounted } from 'vue'
import * as echarts from 'echarts';
import { reactive } from 'vue'
let searchParam = reactive({})
const data1 = ['2022-08', '2022-09', '2022-10', '2022-11', '2022-12',
'2023-01', '2023-02', '2023-03', '2023-04', '2023-05', '2023-06', '2023-07',
'2023-08', '2023-09', '2023-10', '2023-11', '2023-12']
const data2 = [120, 200, 150, 80, 70, 110, 130, 300, 450, 160, 240, 80, 100,
350, 500, 230, 300]
const onSubmit = () => {                //查询
    const datev = searchParam.orderdate
    let data11 = []
    let data22 = []
    for (let i = 0; i < data1.length; i++){
        if(datev[0] <= data1[i] && data1[i] <= datev[1]){
            data11.push(data1[i])
            data22.push(data2[i])
        }
    }
    mydraw(data11, data22)
}
const mydraw = (datav1, datav2) => {
    const myChart = echarts.init(document.getElementById('myChart'))
    const option = {
        tooltip: {
            trigger: 'axis',
            axisPointer: {
                type: 'shadow'
            }
        },
        grid: {
            left: '3%',
            right: '4%',
            bottom: '3%',
            containLabel: true
        },
        xAxis: {
            type: 'category',
            data: datav1,
            axisTick: {
                alignWithLabel: true
            }
```

```
        },
        yAxis: {
            type: 'value'
        },
        series: [
            {
            data: datav2,
            type: 'bar',
            name: '销量（万元）',
            }
        ]
    }
    myChart.setOption(option)
}
onMounted (() => {
    mydraw(data1, data2)
})
</script>
<style scoped>
.demo-date-picker {
  display: flex;
  width: 100%;
  padding: 0;
  flex-wrap: wrap;
}
.demo-date-picker .block {
  padding: 30px 0;
  text-align: center;
  border-right: solid 1px var(--el-border-color);
  flex: 1;
}
</style>
```

13.4.7　订单统计界面

管理员登录成功后可以对订单按商品分类进行统计，如图 13.23 所示。

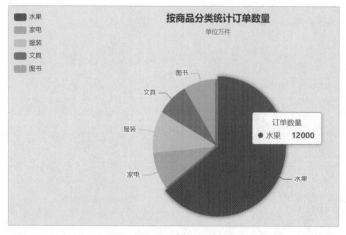

图 13.23　订单统计界面

订单统计界面 OrderStatisticsView.vue 的代码具体如下：

```html
<template>
<div id="myChart" :style="{width: '80%', height: '500px'}"></div>
</template>
<script setup>
import { onMounted } from 'vue'
import * as echarts from 'echarts';
const mydraw = () => {
    const myChart = echarts.init(document.getElementById('myChart'))
    const option = {
        title: {
            text: '按商品分类统计订单数量',
            subtext: '单位万件',
            left: 'center'
        },
        tooltip: {
            trigger: 'item'
        },
        legend: {
            orient: 'vertical',
            left: 'left'
        },
        series: [
            {
            name: '订单数量',
            type: 'pie',
            radius: '50%',
            data: [
                { value: 12000, name: '水果' },
                { value: 1738, name: '家电' },
                { value: 1880, name: '服装' },
                { value: 1488, name: '文具' },
                { value: 1600, name: '图书' }
            ],
            emphasis: {
                itemStyle: {
                shadowBlur: 10,
                shadowOffsetX: 0,
                shadowColor: 'rgba(0, 0, 0, 0.5)'
                }
            }
            }
        ]
    }
    myChart.setOption(option)
}
onMounted (() => {
    mydraw()
})
</script>
```

13.5 电子商务子系统的实现

　　游客具有浏览首页、查看商品详情和搜索商品等权限，成功登录的用户除了具有游客具有的权限以外，还具有购买商品、查看购物车、收藏商品、查看订单和查看用户信息的权限。本节将详细介绍电子商务子系统的界面实现。

13.5.1 导航栏及搜索界面

　　在导航栏及搜索界面 HeaderView.vue 中，使用 el-carousel 在特定区域循环播放广告商品图片，使用 defineEmits 声明向父组件抛出的自定义事件，并根据自定义事件将商品类型 ID 和搜索框输入信息传递给父组件。导航栏和搜索界面如图 13.24 所示。

图 13.24　导航栏和搜索界面

　　导航栏和搜索界面 HeaderView.vue 的代码具体如下：

```html
<template>
  <el-container>
    <el-header style="height: 30px; background-color: #f8f8ff">
      <el-row align="middle" style="margin-top: 5px">
        <el-col :span="3"><div class="coldiv">欢迎光临 eBusiness</div></el-col>
        <el-col :span="1">
          <div class="coldiv">
            <el-link @click="register" :underline="false">注册</el-link>
          </div>
        </el-col>
        <el-col :span="1">
          <div class="coldiv">
            <span v-if="userName != null">{{userName}}</span>
            <el-link@click="login"v-if="userName===null" :underline="false">
                登录</el-link>
          </div>
        </el-col>
        <el-col :span="9"><div></div></el-col>
        <el-col :span="2">
          <div class="coldiv">
            <el-link @click="myselfinfo" :underline="false">个人信息</el-link>
          </div>
        </el-col>
        <el-col :span="2">
          <div class="coldiv">
            <el-link @click="mycart" :underline="false">我的购物车</el-link>
```

```
        </div></el-col>
      <el-col :span="2">
        <div class="coldiv">
          <el-link @click="myfocus" :underline="false">我的收藏</el-link>
        </div>
      </el-col>
      <el-col :span="2">
        <div class="coldiv">
          <el-link @click="myorder" :underline="false">我的订单</el-link>
        </div>
      </el-col>
      <el-col :span="2">
        <div class="coldiv">
          <el-link @click="loginOut" :underline="false">安全退出</el-link>
        </div>
      </el-col>
    </el-row>
  </el-header>
  <div>
    <el-carousel :interval="5000" arrow="always" height="200px">
      <el-carousel-item v-for="item in imgList" :key="item.name">
        <img :src="item.src" :title="item.title" alt="图片丢失了"
        style="height:100%;width:100%;"/>
      </el-carousel-item>
    </el-carousel>
  </div>
  <el-footer style="height: 35px; background-color: #f8f8ff">
    <el-row style="margin-top: 5px">
      <el-col :span="18">
        <el-row>
          <el-col :span="2" v-for="item in goodstypes" :key="item.typeid">
            <div class="coldiv">
              <el-link @click="toIndex(item.typeid)"
              :underline="false">{{item.typename}}</el-link>
            </div>
          </el-col>
        </el-row>
      </el-col>
      <el-col :span="6">
        <el-form :inline="true" :model="searchForm" class="demo-
          form-inline" size="small">
          <el-form-item>
            <el-input v-model="searchForm.gname" placeholder="输入商品名
              模糊搜索" />
          </el-form-item>
          <el-form-item>
          <el-button type="primary" @click="toSearchIndex()"
           :icon="Search">搜索</el-button>
          </el-form-item>
        </el-form>
      </el-col>
    </el-row>
  </el-footer>
</el-container>
```

```
</template>
<script setup>
import { reactive, defineEmits } from 'vue'
import { useRouter} from 'vue-router'
import { Search } from '@element-plus/icons-vue'
import { ElMessage} from 'element-plus'
const router = useRouter()
const userName = sessionStorage.getItem("uname")
//使用 defineEmits 声明向父组件抛出的自定义事件
const myemits = defineEmits(['goIndex', 'searchIndex'])
const toIndex = (typeid) => {
  //通过抛出 goIndex 事件向父组件传值
  myemits('goIndex', typeid)
}
const toSearchIndex = () => {
  //通过抛出 goIndex 事件向父组件传值
  myemits('searchIndex', searchForm.gname)
}
const searchForm = reactive({
  gname: ''
})
const loginOut = () => {
  sessionStorage.removeItem("uname")
  ElMessage({message: '成功安全退出! ', type: 'success'})
  //刷新当前页
  router.go(0)
}
const myorder = () => {
  router.push({name: 'myorder'})
}
const register = () => {
  router.push({name: 'register'})
}
const login = () => {
  router.push({name: 'login'})
}
const mycart = () => {
  router.push({name: 'mycart'})
}
const myselfinfo = () => {
  router.push({name: 'myselfinfo'})
}
const myfocus = () => {
  router.push({name: 'myfocus'})
}
const goodstypes =
  [
{ typeid: 0, typename: '首页' },
    { typeid: 1, typename: '水果' },
    { typeid: 2, typename: '家电' },
    { typeid: 3, typename: '服装' },
    { typeid: 4, typename: '文具' },
    { typeid: 5, typename: '图书' },
    { typeid: 6, typename: '酒水' }
```

```
  ]
const imgList =
  [
    { name: 1, src: require("../assets/1.jpg"), title:"111" },
    { name: 2, src: require("../assets/2.jpg"), title:"222" },
    { name: 3, src: require("../assets/3.png"), title:"333" },
    { name: 4, src: require("../assets/4.jpg"), title:"444" },
    { name: 5, src: require("../assets/5.jpg"), title:"555" }
  ]
</script>
<style scoped>
.coldiv {
  font-size: 11pt;
  color: rgb(125, 123, 123);
}
.el-carousel__item h3 {
  color: #475669;
  opacity: 0.75;
  line-height: 150px;
  margin: 0;
  text-align: center;
}
.el-carousel__item:nth-child(2n) {
  background-color: #99a9bf;
}
.el-carousel__item:nth-child(2n + 1) {
  background-color: #d3dce6;
}
</style>
```

13.5.2　首页界面

在首页界面 IndexView.vue 中引入导航栏及搜索界面组件 HeaderView，并根据子组件 HeaderView 传递过来的商品类型 ID 或搜索框输入信息显示相关商品信息。首页界面 IndexView.vue 的运行效果如图 13.25 所示。

图 13.25　首页界面

在图 13.25 中单击商品类型（例如"水果"），首页界面将仅显示该类型下的商品信息；在搜索输入框中输入"XXX"，然后单击"搜索"按钮，首页界面将仅显示名称中包含"XXX"的商品的信息。首页界面 IndexView.vue 的代码具体如下：

```html
<template>
  <div>
    <HeaderView @goIndex="goToIndex" @searchIndex="searchToIndex"/>
  </div>
  <div>
    <el-row>
      <el-col
      v-for="(item, index) in goodslists"
      :key="item.goodsid"
      :span="4"
      :offset="index > 0 && (index ==1 || (index !=1 && index % 5 != 0))? 1 : 0">
        <el-card :body-style="{ padding: '0px' }">
        <el-link :underline="false" @click="goToGoodsDetail(item)">
          <img :src="item.gpicture" class="image"/></el-link>
            <div style="padding: 5px">
                <el-link:underline="false" @click="goToGoodsDetail(item)">
                  <span class="myfont">{{item.gname}}</span></el-link>
                <br>
                <span class="myfont">&yen;<strike>
                {{item.goprice.toFixed(1)}}
                </strike></span>   <span class="yourfont">&yen;
                {{item.grprice.toFixed(1)}}</span>
            </div>
        </el-card>
      </el-col>
    </el-row>
  </div>
</template>
<script setup>
import { onMounted, reactive } from 'vue'
import HeaderView from '@/components/HeaderView.vue'
import {useRouter} from 'vue-router'
const router = useRouter()
const goodslists = reactive([
  {
    goodsid: 1, gname: '水果1号', goprice: 10.0, grprice: 8.0, gstore: 1000,
    gpicture: require("../assets/6.jpg"), typeid: 1, typename: '水果'
  },
  {
    goodsid: 2, gname: '家电1号', goprice: 1000.0, grprice: 800.0, gstore: 2000,
    gpicture: require("../assets/7.jpg"), typeid: 2, typename: '家电'
  },
  {
    goodsid: 3, gname: '服装1号', goprice: 100.0, grprice: 88.0, gstore: 3000,
    gpicture: require("../assets/8.jpg"), typeid: 3, typename: '服装'
  },
  {
```

```
        goodsid: 4, gname: '文具1号', goprice: 15.0, grprice: 14.0, gstore: 5000,
        gpicture: require("../assets/9.jpg"), typeid: 4, typename: '文具'
    },
    {
        goodsid: 5, gname: '图书1号', goprice: 50.0, grprice: 40.0, gstore: 3000,
        gpicture: require("../assets/10.jpg"), typeid: 5, typename: '图书'
    },
    {
        goodsid: 6, gname: '酒水1号', goprice: 150.0, grprice: 100.0, gstore: 5000,
        gpicture: require("../assets/11.jpg"), typeid: 6, typename: '酒水'
    },
    {
        goodsid: 7, gname: '水果2号', goprice: 20.0, grprice: 18.0, gstore: 3000,
        gpicture: require("../assets/6.jpg"), typeid: 1, typename: '水果'
    },
    {
        goodsid: 8, gname: '家电2号', goprice: 2000.0, grprice: 1800.0, gstore: 4000,
        gpicture: require("../assets/7.jpg"), typeid: 2, typename: '家电'
    },
    {
        goodsid: 9, gname: '服装2号', goprice: 200.0, grprice: 188.0, gstore: 5000,
        gpicture: require("../assets/8.jpg"), typeid: 3, typename: '服装'
    },
    {
        goodsid: 10, gname: '文具2号', goprice: 18.0, grprice: 15.0, gstore: 6000,
        gpicture: require("../assets/9.jpg"), typeid: 4, typename: '文具'
    },
    {
        goodsid: 11, gname: '图书2号', goprice: 70.0, grprice: 50.0, gstore: 8000,
        gpicture: require("../assets/10.jpg"), typeid: 5, typename: '图书'
    },
    {
        goodsid: 12, gname: '酒水2号', goprice: 1500.0, grprice: 1000.0, gstore: 8000,
        gpicture: require("../assets/11.jpg"), typeid: 6, typename: '酒水'
    }
])
let copylist = reactive([])
onMounted (()=> {
    //备份数据
    Object.assign(copylist, goodslists)
})
//typeid子组件传递过来的数据
const goToIndex = (typeid) => {
    if(typeid != 0){
        let searchList = reactive([])
            copylist.forEach(element => {
                if (element.typeid === typeid)
                    searchList.push(element)
            });
            Object.assign(goodslists, searchList)
        //删除多余的数据
            goodslists.splice(searchList.length, goodslists.length)
    }else{
        Object.assign(goodslists, copylist)
```

```
        }
    }
    //searchV 子组件传递过来的数据
    const searchToIndex = (searchV) => {
        let searchList = reactive([])
        copylist.forEach(element => {
            if (element.gname.search(searchV) != -1)
                searchList.push(element)
        });
        Object.assign(goodslists, searchList)
        goodslists.splice(searchList.length, goodslists.length)
    }
    const goToGoodsDetail = (goods) => {
        router.push({name: 'goodsDetail', params: goods })
    }
</script>
<style scoped>
.myfont {
  font-size: 10pt;
  color: rgb(125, 123, 123);
}
.yourfont {
  font-size: 11pt;
  color: rgb(249, 7, 7);
}
.image {
  width: 210px;
  height: 180px;
  display: block;
}
.el-col {
  margin-bottom: 10px;
}
</style>
```

13.5.3　用户注册界面

在图 13.24 中单击"注册"超链接，调用 register 函数，在 register 函数中通过 router.push() 方法打开用户注册界面 RegisterView.vue，如图 13.26 所示。

用户注册	✕
* 用户名	请输入用户名
* 密码	请输入密码
* 确认密码	请再次输入密码

注册　　重置

图 13.26　用户注册界面

注册成功后打开用户登录界面，RegisterView.vue 的代码具体如下：

```
<template>
  <el-dialog title="用户注册" v-model="dialogVisible" width="35%"
    @close="goClose()">
    <div class="box">
        <el-form ref="registerFormRef" :model="registerForm"
          :rules="rules" style="width:100%;" label-width="20%">
        <el-form-item label="用户名" prop="uname">
          <el-input v-model="registerForm.uname" placeholder="请输入用户名">
          </el-input>
        </el-form-item>
        <el-form-item label="密码" prop="upwd">
          <el-input show-password v-model="registerForm.upwd"
           placeholder="请输入密码"></el-input>
        </el-form-item>
        <el-form-item label="确认密码" prop="reupwd">
          <el-input show-password v-model="registerForm.reupwd"
           placeholder="请再次输入密码"></el-input>
        </el-form-item>
        <el-form-item>
          <el-button type="primary" @click="register(registerFormRef)">
           {{ loadingbuttext }}</el-button>
          <el-button type="danger" @click="cancel(registerFormRef)">重置
          </el-button>
        </el-form-item>
      </el-form>
    </div>
  </el-dialog>
</template>
<script setup>
import {useRoute, useRouter} from 'vue-router'
import { reactive, ref } from 'vue'
import { ElMessage, ElMessageBox } from 'element-plus'
const router = useRouter()
const route = useRoute()
const registerFormRef = ref('')
const registerForm = reactive({})
//验证规则
const rules = reactive( {
    uname: [{ required: true, message: '请输入用户名', trigger: 'blur' }],
    upwd: [
        { required: true, message: '请输入密码', trigger: 'blur' },
        { min: 6, max: 20, message: '密码长度6到20', trigger: 'blur' }
        ],
    reupwd: [
        { required: true, message: '请输入密码', trigger: 'blur' },
        { min: 6, max: 20, message: '密码长度6到20', trigger: 'blur' }
        ]
    })
let loadingbuttext = '注册'
let dialogVisible = true
```

```
const register = async (formEl) => {
  if (!formEl) return
  await formEl.validate((valid, fields) => {
    if (valid) {
      ElMessage({message: '注册成功',type: 'success'})
      //path 为跳转到前一个页面
      let path = route.query.redirect
      router.replace({ path: path === '/' || path === undefined ?
      '/login' : path })
    } else {
      console.log('error submit!', fields)
      ElMessageBox.alert(
      '<span style="color: rgb(249, 7, 7); font-size: 12pt;">表单验证失败！
      </span>',
      '', {dangerouslyUseHTMLString: true}
      )
    }
  })
}
const cancel = (formEl) => {
  if (!formEl) return
  formEl.resetFields()
}
const goClose = () => {
    router.replace('/')
}
</script>
<style scoped>
.box {
  width: 100%;
  height: 180px;
}
</style>
```

13.5.4 用户登录界面

在图 13.24 中单击"登录"超链接，调用 login 函数，在 login 函数中通过 router.push()方法打开用户登录界面 LoginView.vue，如图 13.27 所示。登录成功后将用户信息保存到 sessionStorage 对象中，以便后续进行权限验证时使用。LoginView.vue 的代码和管理员登录界面的代码基本一样，这里不再赘述。

图 13.27 用户登录界面

13.5.5 商品详情界面

在图 13.25（首页界面）中单击商品图片或商品名称，即可打开商品详情界面 GoodsDetailView.vue，如图 13.28 所示。

图 13.28 商品详情界面

用户成功登录后，可在图 13.28 中单击"加入购物车""立刻购买"以及"收藏"按钮进行相关操作。GoodsDetailView.vue 的代码具体如下：

```
<template>
<el-dialog v-model="dialogVisible" @close="gogo(1)">
  <div class="box1">
    <div class="box2">
      <img :src="$route.params.gpicture" class="image"/>
    </div>
    <div class="box3">
        <p class="myfont">商品名: <span>{{$route.params.gname}}</span></p>
        <p class="myfont">原价: <span>&yen;<strike>{{$route.params.goprice}}
          </strike></span></p>
        <p> <span class="myfont">折扣价: </span><span style="color: rgb(249,
        7, 7);
        font-size: 10pt;">&yen;{{$route.params.grprice}}</span></p>
        <p class="myfont">类型: <span>{{$route.params.typename}}</span></p>
        <p> <el-input v-model="inputvalue" class="w-50 m-2" size="small"
            placeholder="请输入购买量" /></p>
        <p>
          <el-button type="primary" :icon="ShoppingCart" class="button"
            @click="gogo(2)" size="small">加入购物车</el-button>
          <el-button type="warning" :icon="Shop" class="button" size="small"
            @click="gogo(3)">立刻购买</el-button>
          <el-button type="success" :icon="CirclePlusFilled" class="button"
            size="small" @click="gogo(4)">收藏</el-button>
        </p>
    </div>
  </div>
</el-dialog>
</template>
<script setup>
import { useRouter} from 'vue-router'
```

```
import { ref } from 'vue'
import { ElMessage, ElMessageBox } from 'element-plus'
import { ShoppingCart, CirclePlusFilled, Shop } from '@element-plus/icons-vue'
const router = useRouter()  //相当于this.$router，通常具有功能性，例如路由跳转
const dialogVisible = true
const inputvalue = ref('')
const gogo = (myValue) => {
    if(myValue != 1 && sessionStorage.getItem('uname') === null) {
        router.replace('/login')
        return false
    }
    if(myValue === 2 || myValue === 3){
      if(inputvalue.value === ''){
        ElMessageBox.alert(
          '<span style="color: rgb(249, 7, 7); font-size: 12pt;">请输入购买量!
           </span>',
          '',
           {
            dangerouslyUseHTMLString: true,
           }
         )
        return false
      }
    }
    if(myValue === 2 )
       ElMessage({message: '成功加入购物车',type: 'success'})
    if(myValue === 3 )
       ElMessage({message: '成功购买',type: 'success'})
    if(myValue === 4 )
       ElMessage({message: '成功收藏',type: 'success'})
    router.go(-1)
}
</script>
<style scoped>
.myfont {
  font-size: 10pt;
  color: rgb(125, 123, 123);
}
.image {
  width: 230px;
  height: 200px;
  display: block;
}
.box1 {
  width:460px;
  display: flex;
  justify-content: space-between;
}
.box2 {
  width:230px;
}
.box3 {
  width:210px;
```

```
}
.button {
  padding: 0;
  min-height: auto;
}
</style>
```

13.5.6　我的购物车界面

在图 13.24 中，登录成功的用户可以单击"我的购物车"超链接，调用 mycart 函数，在 mycart 函数中通过 router.push()方法打开购物车界面 MyCartView.vue，如图 13.29 所示。

图 13.29　我的购物车界面

在图 13.29 中使用计算属性 totalPrice 计算商品总额。另外，单击删除图标按钮可以删除购物车中的商品，单击"+"和"−"按钮可以修改商品的购买量。MyCartView.vue 的代码具体如下：

```
<template>
    <el-dialog title="我的购物车" v-model="myfocusVisible" width="62%" @close=
    "goClose">
    <el-table :data="goodslists" border>
      <el-table-column label="图片" width="80">
        <template #default="scope">
          <el-link @click="goToGoodsDetail(scope.row)">
              <el-image :src="scope.row.gpicture" style="width:50px; height:
              50px;"/>
          </el-link>
        </template>
      </el-table-column>
      <el-table-column label="商品名称" width="155">
        <template #default="scope">
        <el-link @click="goToGoodsDetail(scope.row)" :underline="false">
            <span>{{scope.row.gname}}</span>
        </el-link>
        </template>
```

```
        </el-table-column>
        <el-table-column label="商品实价" width="105">
          <template #default="scope">
            <span>{{scope.row.grprice.toFixed(1)}}</span>
          </template>
        </el-table-column>
        <el-table-column label="购买量" width="150">
            <template #default="scope">
                <el-button size="small" type="success" @click=
                  "reduce(scope.row)"
                  :disabled="scope.row.shopnum === 1">-</el-button>
                <span> {{scope.row.shopnum}} </span>
                <el-button size="small" type="success" @click="add(scope.row)">+
                </el-button>
            </template>
        </el-table-column>
        <el-table-column label="小计" width="150">
            <template #default="scope">
                <span>{{(scope.row.grprice * scope.row.shopnum).toFixed(1)}}
                </span>
            </template>
        </el-table-column>
        <el-table-column label="删除" width="100">
          <template #default="scope">
            <el-row>
              <el-button size="small" type="danger" :icon="Delete" circle
                @click="remove(scope.row)"/>
            </el-row>
          </template>
        </el-table-column>
      </el-table>
      <br>
      <div>总价：￥ {{ totalPrice.toFixed(1) }}  
       <el-button type="danger" :icon="Delete" @click="removeAll">清空
       </el-button>
      </div>
  </el-dialog>
</template>
<script setup>
import { reactive, ref, computed } from 'vue'
import {useRoute, useRouter} from 'vue-router'
import { Delete } from '@element-plus/icons-vue'
const router = useRouter()
const route = useRoute()
const myfocusVisible = ref(true)
const goodslists = reactive([
    {
        goodsid: 1, gname: '水果1号', goprice: 10.0, grprice: 8.0, gstore: 1000,
        shopnum: 10, gpicture: require("../assets/6.jpg"), typeid: 1, typename:
        '水果'
    },
    {
```

```
            goodsid: 2, gname: '家电1号', goprice: 1000.0, grprice: 800.0, gstore: 2000,
            shopnum: 5, gpicture: require("../assets/7.jpg"), typeid: 2, typename:
            '家电'
        },
        {
            goodsid: 3, gname: '服装1号', goprice: 100.0, grprice: 88.0, gstore: 3000,
            shopnum: 20, gpicture: require("../assets/8.jpg"), typeid: 3, typename:
            '服装'
        }
    ])
const goToGoodsDetail = (goods) => {
    router.push({name: 'goodsDetail', params: goods })
}
const goClose = () => {
    //跳转到前一个页面
    let path = route.query.redirect
    router.replace({ path: path === '/' || path === undefined ? '/' : path })
}
const reduce = (goods) => {
    if(goods.shopnum === 1)
        return
    goods.shopnum --
}
const add = (goods) => {
    goods.shopnum++
}
const remove = (goods) => {
    for (let i = 0;i < goodslists.length; i++){
        if (goodslists[i].goodsid === goods.goodsid){
            goodslists.splice(i,1);
            break
        }
    }
}
//使用计算属性计算总额
const totalPrice = computed( ()=> {
    let total = 0
    for (let i = 0; i < goodslists.length; i++) {
        let item = goodslists[i]
        total = total + item.grprice * item.shopnum
    }
    return total
})
const removeAll = () => {
  goodslists.splice(0)
}
</script>
```

13.5.7　我的订单界面

　　在图 13.24 中，登录成功的用户可以单击"我的订单"超链接，调用 myorder 函数，在 myorder 函数中通过 router.push() 方法打开我的订单界面 MyOrderView.vue，如图 13.30 所示。

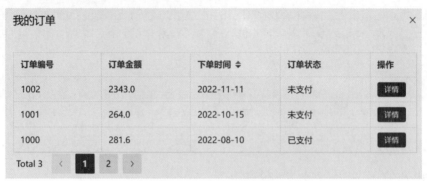

图 13.30　我的订单界面

单击图 13.30 中的"详情"按钮，将打开"订单详情"对话框，如图 13.31 所示。

商品编号	商品名称	单价	数量	小计
10003	家电2号	999.0	1	999.0
10004	家具1号	1280.0	1	1280.0
10005	蔬菜1号	12.8	5	64.0

图 13.31　"订单详情"对话框

MyOrderView.vue 的代码具体如下：

```
<template>
  <el-dialog title="我的订单" v-model="myordeVisible" width="60%" @close=
  "goClose">
    <el-table :data="result" :default-sort="{ prop: 'orderDate', order:
    'descending' }" border>
    <el-table-column prop="ordersn" label="订单编号" width="150">
    </el-table-column>
    <el-table-column label="订单金额" width="150">
      <template #default="scope">
        <span>{{scope.row.orderAmount.toFixed(1)}}</span>
      </template>
    </el-table-column>
    <el-table-column prop="orderDate" label="下单时间" sortable width=
    "150"></el-table-column>
    <el-table-column prop="orderStatus" label="订单状态" width="150">
    </el-table-column>
    <el-table-column label="操作">
      <template #default="scope">
        <el-row>
        <el-button size="small" type="primary" @click="handleDetail
        (scope.row)">详情</el-button>
        </el-row>
```

```html
            </template>
          </el-table-column>
      </el-table>
      <div>
        <el-pagination background layout="total, prev, pager, next" v-model:
          currentPage="currentPage"
          :page-size="pageSize" :total="total" />
      </div>
    </el-dialog>
    <el-dialog title="订单详情" v-model="orderDetailVisible">
      <el-table :data="detailResult" border>
          <el-table-column prop="gno" label="商品编号" width="120">
          </el-table-column>
          <el-table-column prop="gname" label="商品名称" width="120">
          </el-table-column>
          <el-table-column label="单价" width="120">
            <template #default="scope">
              <span>{{scope.row.gprice.toFixed(1)}}</span>
            </template>
          </el-table-column>
          <el-table-column prop="shopNum" label="数量" width="120"></el-table-
           column>
          <el-table-column label="小计" width="120">
             <template #default="scope">
               <span>{{scope.row.smallTotal.toFixed(1)}}</span>
             </template>
          </el-table-column>
      </el-table>
    </el-dialog>
</template>
<script setup>
import { reactive, ref } from 'vue'
import {useRoute, useRouter} from 'vue-router'
const router = useRouter()
const route = useRoute()
let result = reactive([
  {
    ordersn: 1000,
    orderAmount: 281.6,
    orderDate: '2022-08-10',
    orderStatus: '已支付',
    orderUserId: 100,
    orderDetail: [
      {
        gno: 10000,
        gname: '苹果1号',
        gprice: 12.8,
        shopNum: 2,
        smallTotal: 25.6
      },
      {
        gno: 10001,
```

```
        gname: '服装1号',
        gprice: 128.0,
        shopNum: 2,
        smallTotal: 256.0
      }
    ]
  },
  {
    ordersn: 1001,
    orderAmount: 264.0,
    orderDate: '2022-10-15',
    orderStatus: '未支付',
    orderUserId: 101,
    orderDetail: [
      {
        gno: 10002,
        gname: '文具1号',
        gprice: 88.0,
        shopNum: 3,
        smallTotal: 264.0
      }
    ]
  },
  {
    ordersn: 1002,
    orderAmount: 2343.0,
    orderDate: '2022-11-11',
    orderStatus: '未支付',
    orderUserId: 102,
    orderDetail: [
      {
        gno: 10003,
        gname: '家电2号',
        gprice: 999.0,
        shopNum: 1,
        smallTotal: 999.0
      },
      {
        gno: 10004,
        gname: '家具1号',
        gprice: 1280.0,
        shopNum: 1,
        smallTotal: 1280.0
      },
      {
        gno: 10005,
        gname: '蔬菜1号',
        gprice: 12.8,
        shopNum: 5,
        smallTotal: 64.0
      }
```

```
    ]
  }
])
let orderDetailVisible = ref(false)
const myorderVisible = ref(true)
let detailResult = reactive([{}])
let total = ref(3)
let pageSize = ref(2)
let currentPage = ref(1)
//详情
const handleDetail = (row) => {
  //detailResult = reactive([{}])
  //detailResult = row.orderDetail 不能对 reactive 赋值
  Object.assign(detailResult, row.orderDetail)
  //删除多余的数据
  detailResult.splice(row.orderDetail.length, detailResult.length)
  orderDetailVisible.value = true
}
const goClose = () => {
    //跳转到前一个页面
    let path = route.query.redirect
    router.replace({ path: path === '/' || path === undefined ? '/' : path })
}
</script>
```

13.5.8 我的收藏界面

在图 13.24 中，登录成功的用户可以单击"我的收藏"超链接，调用 myfocus 函数，在 myfocus 函数中通过 router.push()方法打开我的收藏界面 MyFocusView.vue，如图 13.32 所示。

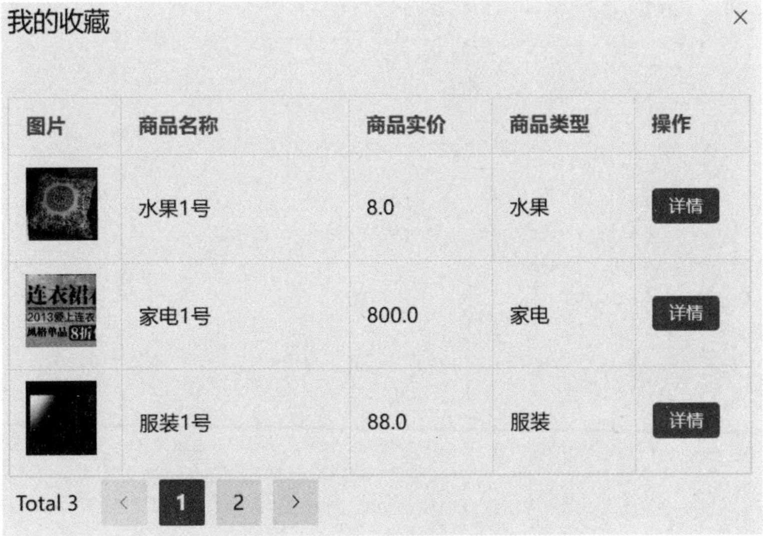

图片	商品名称	商品实价	商品类型	操作
	水果1号	8.0	水果	详情
	家电1号	800.0	家电	详情
	服装1号	88.0	服装	详情

Total 3   <   1   2   >

图 13.32　我的收藏界面

单击图 13.32 中的"详情"按钮，将打开商品详情界面。MyFocusView.vue 的代码具体如下：

```html
<template>
    <el-dialog title="我的收藏" v-model="myfocusVisible" width="47%"
     @close="goClose">
     <el-table :data="goodslists" border>
       <el-table-column label="图片" width="80">
         <template #default="scope">
           <el-image :src="scope.row.gpicture" style="width: 50px; height:
             50px;"/>
         </template>
       </el-table-column>
       <el-table-column prop="gname" label="商品名称" width="160">
       </el-table-column>
       <el-table-column label="商品实价" width="100">
         <template #default="scope">
           <span>{{scope.row.grprice.toFixed(1)}}</span>
         </template>
       </el-table-column>
       <el-table-column prop="typename" label="商品类型" width="100">
       </el-table-column>
       <el-table-column label="操作" width="100">
         <template #default="scope">
           <el-row>
     <el-button size="small" type="primary" @click="goToGoodsDetail
      (scope.row)">详情</el-button>
           </el-row>
         </template>
       </el-table-column>
     </el-table>
     <div>
       <el-pagination background layout="total, prev, pager, next" v-model:
        currentPage= "currentPage"
         :page-size="pageSize" :total="total" />
     </div>
  </el-dialog>
</template>
<script setup>
import { reactive, ref } from 'vue'
import {useRoute, useRouter} from 'vue-router'
const router = useRouter()
const route = useRoute()
const myfocusVisible = ref(true)
const goodslists = reactive([
    {
        goodsid: 1,
        gname: '水果1号',
        goprice: 10.0,
        grprice: 8.0,
        gstore: 1000,
        gpicture: require("../assets/6.jpg"),
```

```
                typeid: 1,
                typename: '水果'
            },
            {
                goodsid: 2,
                gname: '家电 1 号',
                goprice: 1000.0,
                grprice: 800.0,
                gstore: 2000,
                gpicture: require("../assets/7.jpg"),
                typeid: 2,
                typename: '家电'
            },
            {
                goodsid: 3,
                gname: '服装 1 号',
                goprice: 100.0,
                grprice: 88.0,
                gstore: 3000,
                gpicture: require("../assets/8.jpg"),
                typeid: 3,
                typename: '服装'
            }
        ])
let total = ref(3)
let pageSize = ref(2)
let currentPage = ref(1)
const goToGoodsDetail = (goods) => {
    router.push({name: 'goodsDetail', params: goods })
}
const goClose = () => {
    //跳转到前一个页面
    let path = route.query.redirect
    router.replace({ path: path === '/' || path === undefined ? '/' : path })
}
</script>
```

本 章 小 结

本章介绍了电子商务平台通用功能的界面设计。通过本章的学习，读者不仅要掌握
Vue.js 应用开发的流程、方法和技术，还应该熟悉电子商务平台的业务需求、设计和界面
实现。

习 题 13

1. 在本章的电子商务平台中是如何控制管理员登录权限的？
2. 简述使用 Vite 构建 Vue.js 项目的具体过程。

参 考 文 献

[1] 储久良. Vue.js 前端框架技术与实战（微课视频版）[M]. 北京：清华大学出版社，2022.

[2] 梁灏. Vue.js 实战[M]. 北京：清华大学出版社，2017.